••• Títulos relacionados

ENAE0208
MONTAJE Y MANTENIMIENTO
DE INSTALACIONES SOLARES TÉRMICAS

[DISPONIBLE CERTIFICADO COMPLETO]

Montaje eléctrico de instalaciones solares térmicas

José Roldán Viloria

Paraninfo

Paraninfo

Montaje eléctrico de instalaciones solares térmicas
© José Roldán Viloria

Gerente Editorial
María José López Raso

Equipo Técnico Editorial
Paola Paz Otero
Sofía Durán Tamayo

Editora de Adquisiciones
Carmen Lara Carmona

Producción
Nacho Cabal Ramos

Diseño de cubierta
Ediciones Nobel

Preimpresión
Sonia Ojanguren

2.ª edición, 2024

C/ Sierra de Guadarrama 35. Naves 2, 3, 4 y 5
Polígono Industrial San Fernando II
28830 San Fernando de Henares, Madrid
Teléfono: (+34) 914 463 350
clientes@paraninfo.es / www.paraninfo.es

ISBN: 978-84-283-6724-0
Depósito legal: M-12920-2024
(29.295)

Impreso en España / *Printed in Spain*
Liberdigital (Casarrubuelos, Madrid)

Las actividades contenidas en este libro han de realizarse en un cuaderno aparte.
Los espacios incluidos en las actividades son meramente indicativos y su finalidad es didáctica.

Índice

Introducción normativa

La Ley Orgánica 3/2022, de 31 de marzo, de ordenación e integración de la Formación Profesional, contiene una disposición derogatoria única que afecta a la regulación de los certificados de profesionalidad, ahora denominados **Certificados Profesionales.** La referida normativa deroga la Ley Orgánica 5/2002, de 19 de junio, de las Cualificaciones y de la Formación Profesional, y abre un escenario de cambios que se irá implementando progresivamente.

La Ley Orgánica 3/2022, de 31 de marzo, de ordenación e integración de la Formación Profesional implica que toda la formación es acumulable. La oferta formativa se estructura de forma escalonada, siendo los Certificados Profesionales un nivel intermedio (Grado C) de una escala que va desde el Grado A hasta el E.

En los artículos 35 a 38 de la Ley 3/2022 se describe en qué consisten estos Certificados Profesionales: su oferta, formación asociada, estructura, duración, acceso, titulación y validez. Posteriormente, esta normativa se completa con lo dispuesto en el Real Decreto 659/2023, de 18 de julio, que desarrolla la ordenación del sistema de Formación Profesional. Concretamente en los artículos 67 a 81 es donde se hace referencia a la oferta formativa de Grado C, correspondiente a los Certificados Profesionales.

Están agrupados en 26 familias profesionales con características comunes del sector. En la actualidad hay más de medio millar de Certificados Profesionales incluidos en el Repertorio Nacional. Esta cifra no deja de crecer. Además, cada certificado está específicamente regulado por un real decreto.

Un Certificado Profesional corresponde al Grado C de la oferta del Sistema de Formación Profesional. Es un documento oficial, con validez en todo el territorio nacional y debe constar en el Catálogo Nacional de Ofertas de Formación Profesional, que certifica la capacitación para el desarrollo de una actividad profesional.

Debe detallar los módulos profesionales superados y los estándares de competencia profesional asociados a él e incluidos en el **Catálogo Nacional de Estándares de Competencias Profesionales**, así como su correspondencia con el Marco Español de Cualificaciones.

Despliegan su validez en un doble ámbito, laboral y académico:

- En el contexto laboral tienen validez profesional, porque acreditan las competencias en una determinada profesión. Para poder trabajar en algunas profesiones, se exigen determinadas cualificaciones, y los certificados sirven para acreditarlas.
- Asimismo, tienen validez académica, puesto que permiten continuar un itinerario formativo siempre que se cumplan los requisitos de acceso para cursar la titulación deseada. De tal modo que, los Certificados Profesionales que sean parte de un Grado D permitirán la matrícula modular para completar los módulos establecidos en el currículo y obtener el correspondiente título de técnico básico, técnico o técnico superior con validez en todo el territorio nacional.

Para obtener un Certificado Profesional (Grado C) es preciso cumplir con los requisitos de acceso para realizar la formación.

Estructura de los Certificados Profesionales

I. Identificación: denominación, familia y área profesional a la que pertenecen; nivel de cualificación profesional (1, 2 o 3); cualificación profesional de referencia; entorno profesional y módulos formativos que esté previsto cursar junto con la duración de cada uno de ellos.

II. Perfil profesional: incluye las competencias profesionales requeridas en el mercado laboral. En todas ellas se concretan las realizaciones profesionales y los criterios de realización.

III. Formación: describe los módulos formativos que esté previsto cursar para adquirir las competencias requeridas. En cada uno de ellos se indican las capacidades que se pretenden alcanzar y la duración del módulo de prácticas no laborales —PNL—, para el que cabe solicitar exención si se cumplen determinados requisitos.

IV. Prescripciones de las personas formadoras.

V. Requisitos mínimos de espacios, instalaciones y equipamiento.

Los Certificados Profesionales se identifican con una denominación concreta y un código alfanumérico propio, y sirven para acreditar una determinada cualificación profesional. Cada certificado está asociado a una relación de unidades de competencia que, a su vez, se vinculan con una serie de módulos formativos específicos. Algunos módulos están integrados por unidades formativas y tanto unos como otras son, en ocasiones, transversales, lo que significa que se trata de contenidos incluidos en más de un Certificado Profesional.

Los Certificados Profesionales se articulan en tres niveles de competencia profesional (1, 2 y 3) conforme a lo dispuesto en el que será el Catálogo Nacional de Estándares de Competencias Profesionales, anteriormente Catálogo Nacional de Cualificaciones Profesionales (CNCP), según los criterios establecidos de conocimientos, iniciativa, autonomía y complejidad de las tareas, en cada una de las ofertas de Formación Profesional.

La oferta formativa dirigida a la obtención de los Certificados Profesionales tiene carácter modular para favorecer la acreditación parcial acumulable de la formación recibida y posibilitar así el avance en el itinerario de Formación Profesional para cualquiera que sea la situación laboral de cada persona en cada momento.

En definitiva, el Grado C constituye la oferta, parcial y acumulable, del sistema de Formación Profesional, de varios módulos profesionales del catálogo modular de Formación Profesional por razón de su significado en el mercado laboral y conducente a la obtención de un Certificado Profesional.

Las ofertas de Grado C de Formación Profesional tendrán por objeto módulos profesionales incluidos previamente en el catálogo modular de formación profesional y asociados al Catálogo Nacional de Estándares de Competencias Profesionales.

Finalidad de los Certificados Profesionales

- Contribuir a la ordenación de un Sistema de Formación Profesional al servicio de un régimen de formación y acompañamiento profesionales que sea capaz de responder con flexibilidad a los intereses, expectativas y aspiraciones de cualificación profesional de las personas a lo largo de su vida.
- Combinar escuela y empresa situando a la persona en el centro del sistema.
- Facilitar el aprendizaje permanente de toda la ciudadanía mediante una formación abierta, flexible y accesible, estructurada de forma modular, a través de la oferta formativa asociada al certificado.
- Acreditar las cualificaciones profesionales o las unidades de competencia recogidas en estas, independientemente de su vía de adquisición, bien sea través de la vía formativa, o mediante la experiencia laboral o vías no formales de formación.
- Favorecer, tanto en el ámbito nacional como europeo, la transparencia del mercado de trabajo.
- Contribuir a la calidad de la oferta de Formación Profesional.

Este libro

El presente libro desarrolla el Módulo Formativo: **Montaje eléctrico de instalaciones solares térmicas. Código:** MF0603_2. **Duración:** 90 horas.

Está asociada a la Unidad de Competencia UC0603_2 Montar circuitos y equipos eléctricos de instalaciones solares térmicas, perteneciente a la Cualificación Profesional de referencia Montaje y mantenimiento de instalaciones solares térmicas (ENA190_2), incluida en el Certificado Profesional ENAE0208 Montaje y mantenimiento de instalaciones solares térmicas, regulado por el Real Decreto 1967/2008, de 28 de noviembre, modificado por el Real Decreto 617/2013, de 2 de agosto.

La estructura organizativa de los contenidos corresponde fielmente a la establecida por la normativa vigente y más concretamente a los contenidos del Módulo Formativo: **Montaje eléctrico de instalaciones solares térmicas.**

Contenido

1. **Seguridad en el montaje eléctrico de instalaciones solares térmicas.**
    - Planes de seguridad en el montaje eléctrico en instalaciones solares térmicas.
    - Prevención de riesgos profesionales de origen eléctrico en el ámbito de las instalaciones de energía solar térmica.
    - Medios y equipos de seguridad:
        - Equipos de protección personal.
        - Uso y mantenimiento.
    - Prevención y protección medioambiental.
    - Emergencias:
        - Evacuación.
        - Primeros auxilios.
    - Zonas de trabajo:
        - Señalización de seguridad.
    - Normativa de aplicación.

2. Accionamiento y control eléctrico en instalaciones solares térmicas.

- Fundamentos de electricidad:
  - Simbología eléctrica básica.
  - Esquemas eléctricos.
- Clasificación de instalaciones de suministro de energía eléctrica.
- Acometidas y cuadros de protección general:
  - Protecciones.
  - Tipos y características.
  - Elementos de corte y protección.
  - Dimensionamiento de interruptores y protecciones eléctricas.
- Canalizaciones y conducciones:
  - Tipos de conductores.
  - Sección de conductores.
- Máquinas de generación de corriente eléctrica.
- Motores y bombas:
  - Maniobra y protección.
  - Diferentes elementos de mando.
- Diferentes tipos de motores:
  - Corriente continua.
  - Corriente alterna.
  - Servomotores.
- Medida de magnitudes eléctricas.
- Elementos eléctricos de maniobra en baja tensión.
- Principios de regulación y control:
  - El control lógico programable.

3. Montaje de circuitos y equipos eléctricos de instalaciones solares térmicas.

- Especificaciones de montaje:
  - Procedimientos y operaciones de preparación del montaje de las instalaciones eléctricas.
- Montaje de circuitos y equipos eléctricos de instalaciones solares térmicas:
  - Fases.

- Organización del montaje de circuitos y equipos eléctricos de instalaciones solares térmicas:
  - Técnicas y procedimientos.
- Determinación y selección de equipos y elementos necesarios para el montaje a partir de los planos de la instalación.
- Útiles, herramientas y medios empleados en el montaje:
  - Técnicas de utilización.
- Soportes y anclajes.
- Montaje y conexión de elementos de protección, mando, regulación y señalización.
- Montaje, conexión y puesta en servicio de circuladores, bombas y motores eléctricos.
- Reglamento Electrotécnico para Baja Tensión y demás normativa de aplicación.

■ Nota del Editor

En Ediciones Paraninfo estamos comprometidos con la calidad de la formación e intentamos que nuestros materiales respondan fielmente y con rigor a las necesidades de todos cuantos confían en nuestro sello editorial.

Tratamos de dar respuesta a los currículos de las unidades formativas y de los módulos que integran los distintos Certificados Profesionales, equilibrando la parte teórica con la práctica para que los procesos de aprendizaje se conviertan en experiencias gratificantes, tanto para docentes como para las personas inmersas en los procesos formativos.

Nuestros objetivos son contribuir de forma decisiva a afianzar aprendizajes, ayudar a adquirir destrezas que tengan significado para el empleo y conseguir potenciar el desarrollo personal.

Para lograrlo contamos con excelentes autores, expertos en las materias que abordan, en la mayoría de los casos docentes de dichas especialidades con dilatada experiencia tanto profesional como académica, porque buscamos perfiles familiarizados con los contextos laborales concretos a los que se refieren nuestros manuales.

Confiamos en poder serte de ayuda y esperamos tus impresiones acerca de nuestro trabajo. Sean positivas o negativas, serán muy bien recibidas y, sin duda, nos ayudarán a seguir mejorando y trabajando con ilusión para continuar siendo un referente en formación para el empleo.

Agradecemos tu confianza en nuestros manuales. Todo nuestro equipo queda a tu total disposición. Puedes contactar con nosotros en esta dirección de correo electrónico:

info@paraninfo.es

Introducción del autor

Este libro desarrolla el módulo formativo denominado: ***Montaje eléctrico de instalaciones solares térmicas,*** que pertenece al certificado de profesionalidad de **Montaje y mantenimiento de instalaciones solares térmicas** incluido en la familia profesional de **Energía y agua.**

El temario se ajusta a lo señalado en el Real Decreto 1967/2008, modificado por el Real Decreto 617/2013.

El contenido de esta obra es muy interesante para todo electricista que se dedica al montaje y el mantenimiento de instalaciones eléctricas y, en este caso concreto, al montaje y el mantenimiento de instalaciones solares térmicas.

Cada tipo de instalación tiene su propia tecnología y aquí nos vamos a encontrar con sondas de temperatura, detectores de presión, electroválvulas, motobombas de impulsión del fluido, aparatos de control, resistencias calefactoras de apoyo, equipos electrónicos de regulación y control, y otros.

El profesional debe conocer los elementos de protección y maniobra de las instalaciones eléctricas y su tecnología, así como los conocimientos básicos de física eléctrica.

Es importante que estemos familiarizados con el dimensionado de los aparatos de maniobra y protección, así como su función en los circuitos, materia que se estudia en el Capítulo 2 de esta obra.

En ese Capítulo 2 se hace un repaso sobre el riesgo eléctrico y la seguridad que es imprescindible aplicar en este tipo de trabajos.

Como es lógico, se hace un repaso sobre la forma de realizar los trabajos, los medios que se deben utilizar y las instalaciones eléctricas aplicadas a instalaciones solares térmicas, todo ello en el Capítulo 3.

Los símbolos, los esquemas, la normativa, así como el Reglamento Electrotécnico de Baja Tensión aplicados a esta tecnología, también se estudian pormenorizadamente en esta obra.

En esta **nueva edición** se actualizan diferentes conceptos, normas y reglamentos que se relacionan a continuación:

- Reglamento Electrotécnico para Baja Tensión (REBT), teniendo en cuenta las actualizaciones que ha tenido desde su publicación en 2002, hasta el día de hoy, con muchas correcciones y adaptaciones y una nueva ITC-BT-52: Instalaciones con fines especiales. Infraestructura para la recarga de vehículos eléctricos y en espera de la que será la ITC-BT-3: Instalaciones de sistemas en corriente continua, dedicada a la generación fotovoltaica.
- Importancia de las Guías Técnicas del REBT, citadas en el artículo 29 del REBT.
- El nuevo Reglamento de Instalaciones Térmicas de Edificios (RITE) y sus Guías Técnicas están muy relacionados con la materia que se estudia en esta obra.
- Se han actualizado las disposiciones y las normativas publicadas en el BOE relativas a esta materia y, en especial, el documento básico HE relativo al ahorro de energía.
- También se han actualizado las normas UNE que han dejado de estar en vigor.
- Por último, se repasa el contenido del Plan Nacional Integrado de Energías y Clima.

Se aconseja que el estudioso de esta materia haga el autocontrol recomendado al final de cada capítulo, ya que le permitirá conocer el nivel teórico/práctico alcanzado para adquirir los objetivos previstos.

La persona que estudia esta materia, no solo adquirirá competencias para este tipo de instalaciones, sino que tendrá una buena preparación para desarrollar otras instalaciones que aplican otros tipos de tecnología eléctrica.

El autor

1. Seguridad en el montaje eléctrico de instalaciones solares térmicas

Contenidos

INTRODUCCIÓN

Este capítulo está destinado al estudio de la seguridad en los trabajos de montaje y conservación de las instalaciones eléctricas que aprovechan la energía solar térmica, con atención particular a los efectos de la corriente eléctrica.

El riesgo eléctrico puede ser mayor cuando hay humedad o agua en la zona en la que se interviene, por lo que se insiste mucho en la necesidad de estar bien equipados (protegidos), utilizar herramientas adecuadas y medios proporcionados a la dificultad del trabajo que se realiza.

Debemos conocer, interpretar y aplicar las señales que tengamos en nuestra zona de trabajo, así como estar preparados para reaccionar con acierto, cuando se presenta el accidente.

OBJETIVOS

Analizar las medidas de prevención y de seguridad respecto al montaje de los circuitos y equipos eléctricos de instalaciones solares térmicas contenidas en los planes de seguridad de las empresas del sector.

- Identificar y evaluar los riesgos profesionales presentes en el montaje de los circuitos y equipos eléctricos de instalaciones solares térmicas.
- Proponer medidas preventivas y correctoras ante los riesgos detectados incluyendo selección y correcta utilización de los equipos de protección individual y colectiva.
- Identificar los requerimientos de protección ambiental derivados de las actuaciones de montaje de los circuitos y equipos eléctricos de instalaciones solares térmicas.
- Describir los requerimientos de las áreas de trabajo y los procedimientos para su preparación, determinando los riesgos laborales específicos correspondientes y sus medidas correctoras.
- Analizar los aspectos de la normativa de seguridad relacionados con el montaje de los circuitos y equipos eléctricos de instalaciones solares térmicas.
- Analizar los protocolos de actuación ante posibles emergencias surgidas en el montaje de los circuitos y equipos eléctricos de instalaciones solares térmicas.
- Analizar los requerimientos de primeros auxilios y traslado de accidentados en diferentes supuestos de accidentes derivados del montaje de los circuitos y equipos eléctricos de instalaciones solares térmicas.

Figura 1.1. Cartel con las señales de seguridad de obligado cumplimiento.

1.1. PLANES DE SEGURIDAD EN EL MONTAJE ELÉCTRICO EN INSTALACIONES SOLARES TÉRMICAS

En primer lugar, debemos conocer bien la tarea que realizar. Difícilmente se pueden poner los medios sin saber lo que se va a hacer. La improvisación siempre es mala.

Para todo hay que seguir un método, y más, en este tema de la seguridad en el trabajo (eléctrico y mecánico), en el que hay riesgos que son propios a estas tecnologías y de forma especial, el eléctrico.

Para realizar cualquier trabajo habrá que seguir un método, como podría ser:

- Que se tenga un cuaderno de cargas que describa la instalación que realizar.
- Listado de materiales que manipular e instalar.
- Listado de herramientas que utilizar en el desarrollo de las diferentes tareas.
- Enumeración de sistemas o procedimientos de prevención y seguridad que utilizar.
- Conocer con claridad la organización del trabajo y quién es nuestro responsable directo, al que tenemos que acudir en caso de problemas.
- Tener organizado el dispositivo de evacuación (protocolo que aplicar) ante un posible accidente y al centro al que hay que evacuar al accidentado.

- Formación adecuada en la tecnología eléctrica.
- Formación en primeros auxilios frente al accidente.

1.1.1. Peligros generados por las máquinas

Las máquinas y dispositivos de fabricación son origen de diversos peligros para las personas que las manipulan, o están en su entorno, como son:

- Mecánicos (movimientos, rotación, formas constructivas, etcétera).
- Eléctricos. Citados en este capítulo.
- Térmicos, que tienen su origen en focos de calor o zonas que accidentalmente pueden acumular calor. En nuestro caso los captadores y el circuito hidráulico en su conjunto. Se pueden dar temperaturas muy superiores a los 100 °C.
- Vibraciones debidas a causas varias.
- Ruidos diversos.
- Emisión de radiaciones varias.
- Emisiones contaminantes y peligrosas.
- Tratamiento de productos y gases peligrosos.
- Equipamiento inadecuado.
- Incumplimiento de las consignas y normativa específica respecto al trabajo que se realiza.

1.1.2. Montaje eléctrico en instalaciones solares térmicas

Se trata de instalaciones de baja tensión, pero no por ello están exentas del riesgo eléctrico.

Los trabajos eléctricos son de dos tipos:

a) Realización de la instalación eléctrica

El montaje de la instalación eléctrica en una instalación solar térmica presupone que con anterioridad se han montado los elementos de captación, tuberías hidráulicas y demás componentes (válvulas, bombas de aceleración, detecciones, intercambiadores, acumuladores, etcétera).

El instalador eléctrico realizará las tareas siguientes:

- Colocación y anclado del armario y demás componentes eléctricos.
- Conexionado entre elementos de campo y el armario general.
- Instalación de bombas de accionamiento del fluido.
- Instalación de captadores y receptores varios de la instalación.
- Alimentación de corriente eléctrica al armario.
- Alimentación a válvulas diversas.
- Pruebas de funcionamiento.
- Entrega de la instalación al propietario o usuario de la instalación.

b) Mantenimiento y conservación de la instalación eléctrica

Se intervendrá en la instalación por dos motivos:

- Por avería eléctrica de la instalación.
- Por mantenimiento preventivo, cuando así esté determinado.

En todos los casos habrá momentos en que se trabaje sin tensión, y otros, en que se haga bajo tensión, con posibles añadidos de humedad en la zona que se interviene.

1.2. PREVENCIÓN DE RIESGOS PROFESIONALES DE ORIGEN ELÉCTRICO EN EL ÁMBITO DE LAS INSTALACIONES DE ENERGÍA SOLAR TÉRMICA

Antes de tratar sobre la prevención de riesgos profesionales de origen eléctrico, vamos a estudiar los riesgos que tiene la corriente eléctrica (electricidad), que aunque no se ve, sí tiene efectos que pueden llegar a ser muy graves en algunas ocasiones.

La corriente eléctrica entraña un riesgo o peligro para las personas y las cosas que intervienen o están en su camino (instalaciones eléctricas).

La corriente eléctrica puede causar accidentes muy graves a las personas que se someten a sus efectos al entrar en contacto con la corriente, bien sea de forma directa o indirecta[1].

[1] Contactos directos y contactos indirectos. Ver Apartados 1.2.4 y 1.2.5.

La protección contra choques eléctricos por contactos directos e indirectos se realiza mediante acciones varias y la utilización de muy baja tensión de seguridad MBTS, que deberá cumplir las siguientes condiciones:

- Tensión nominal en el campo 1 de acuerdo a la norma UNE 20481 y la ITC-BT-36.
- Fuente de alimentación de seguridad para MBTS de acuerdo con lo indicado en la norma UNE 20460-4-41.
- Los circuitos de instalaciones para MBTS, cumplirán lo que se indica en la norma UNE 20460-4-41 y en la ITC-BT-36.

La instrucción ITC-BT-24 trata sobre «Instalaciones interiores o receptoras. Protección contra contactos directos e indirectos».

El riesgo eléctrico se define como aquello que es susceptible de ser producido por cualquier tipo de operación que se realice en instalaciones eléctricas o con equipos y aparatos de baja, media y alta tensión, como pueden ser operaciones de instalación, mantenimiento o conservación de circuitos y receptores eléctricos.

1.2.1. Definición del riesgo eléctrico

De acuerdo con el Real Decreto 614/2001, de 8 de junio, sobre las disposiciones mínimas para la protección de la salud y seguridad de los trabajadores frente al riesgo eléctrico. A los efectos de lo dispuesto en este Real Decreto, se entenderá como:

Riesgo eléctrico: riesgo originado por la energía eléctrica. Quedan específicamente incluidos los riesgos de:

a) Choque eléctrico por contacto con elementos en tensión (contacto eléctrico directo), o con masas puestas accidentalmente en tensión (contacto eléctrico indirecto).

b) Quemaduras por choque eléctrico, o por arco eléctrico.

c) Caídas o golpes como consecuencia de choque o arco eléctrico.

d) Incendios o explosiones originadas por la electricidad.

En la definición de riesgo eléctrico a los efectos del Reglamento se entiende, no solo la posibilidad de sufrir una descarga eléctrica (sea por contacto directo o indirecto) que produce el efecto inicial fisiológico debido al paso de la corriente por el cuerpo humano, sino que también se han considerado otro tipo de riesgos/efectos asociados, generalmente considerados por separado y relativamente frecuentes, tales como quemaduras, caídas, incendios, explosiones, intoxicaciones, etc., cuyo origen sea una utilización indebida o accidental de la electricidad.

Por lo que deducimos que:

La corriente eléctrica entraña un riesgo o peligro para las personas y las cosas que intervienen o están en su camino (instalaciones eléctricas).

La corriente eléctrica puede causar accidentes muy graves a las personas que se someten a sus efectos al entrar en contacto con la corriente, bien sea de forma directa o indirecta.

Por extensión, el riesgo eléctrico se define como el accidente que es susceptible de que se produzca en cualquier tipo de trabajo efectuado en una instalación, tanto en los circuitos eléctricos como en los equipos y aparatos de baja, media y alta tensión, en trabajos de montaje, pruebas, mantenimiento o conservación de instalaciones eléctricas.

➤ a) Choques eléctricos

Los choques eléctricos se clasifican en:

- Choque eléctrico por contacto con elemento con tensión, bien sea directo o indirecto.
- Quemaduras por choque o arco eléctrico.
- Cortes y accidentes varios en operaciones relacionadas con las instalaciones eléctricas.
- Caídas o golpes como consecuencia de una intervención en instalación eléctrica.
- Incendios o explosión con origen eléctrico.

➤ b) Factores de riesgo eléctrico

Muchos son los factores que inciden sobre los efectos de la electricidad sobre el organismo humano, como son:

- **Tensión** o diferencia de potencial (voltios).
- **Intensidad** de la corriente circulante (amperios).
- **Resistencia** ofrecida por el organismo en el momento concreto de la entrada en contacto (ohmios).
- **Frecuencia** de la red eléctrica (hercios o períodos por segundo).

- **Tiempo** de contacto o exposición a la circulación de la corriente eléctrica.
- **Camino** o trayectoria que lleva la corriente por el cuerpo humano.
- **Naturaleza** de la corriente (corriente alterna o corriente continua).
- **Estado** en que se encuentra el organismo en el momento de recibir la descarga eléctrica.
- **Edad**, si padece enfermedad, estado emocional, situación imprevista o previsible.
- **Accidentado**, si es mujer u hombre, joven o mayor, etcétera.

1.2.2. Efectos que produce la corriente eléctrica en el organismo humano

El paso de la corriente por el organismo humano puede dar lugar a lesiones, como son:

a) Con paso de corriente por el organismo humano

- Quemaduras internas y externas.
- Tetanización muscular.
- Lesiones físicas derivadas, como caídas, cortes, golpes, etcétera.
- Asfixia y paro respiratorio.
- Bloqueo renal por efectos tóxicos.
- Embolias por efecto electrolítico en la sangre.
- Muerte por asfixia.
- Muerte por fibrilación ventricular.

Las descargas eléctricas afectan al corazón, arritmias; aparato respiratorio; sistema nervioso central y periférico; aparato locomotor; aparato digestivo; aparato urinario y otras causas o efectos derivados.

b) Sin paso de corriente por el organismo humano

En este caso, los efectos son debidos a diversos accidentes que se pueden dar en la realización de tareas de montajes, puestas en servicio o mantenimiento de instalaciones eléctricas, tales como: presencia en cortocircuitos, arcos eléctricos, explosiones de gases y líquidos por efecto de accidentes eléctricos (chispas, arco eléctrico, cortocircuitos, otros), proyecciones de partículas fundidas, emanación de gases por quema de aislamientos y aparatos.

Los efectos sobre el organismo humano pueden ser:

- Lesiones oftalmológicas (conjuntivitis, ceguera) por radiaciones de arcos eléctricos y cortocircuitos.
- Quemaduras directas producidas por arco eléctrico, proyección de partículas fundidas, etcétera.

1.2.3. Tablas comparativas de los efectos de la corriente eléctrica

Diferentes tablas en las que se puede apreciar la incidencia de la intensidad de corriente y el tiempo de circulación por el cuerpo humano.

Tabla 1.1. Consecuencias del valor de la corriente al pasar por el organismo

Corriente eléctrica	Efectos en el cuerpo humano
≤ 0,5 mA	Contracciones musculares (Umbral de reacción).
≤ 10 mA	Tetanización muscular (Umbral de no soltar).
> 25 mA	Dificultad respiratoria (Afecta al diafragma).
> 50 mA/mm^2	Quemaduras en la piel (Efecto Joule).
Próximo a 80 mA	Fibrilación ventricular del corazón.

Tabla 1.2. Efectos fisiológicos directos sobre el organismo, causados por la electricidad

Corriente eléctrica (mA)	Efectos en el cuerpo humano	Motivo
1 a 3	Percepción	El paso de la corriente produce cosquilleo. No existe peligro.
3 a 10	Umbral de percepción	El paso de la corriente reduce movimientos y reflejos.
10 a 20	Tetanización	El paso de la corriente provoca contracciones musculares y agarrotamiento.
25	Paro respiratorio	Si la corriente atraviesa el cerebro.
25 a 30	Asfixia	Si la corriente atraviesa el tórax.
60 a 75	Fibrilación ventricular	Si la corriente atraviesa el corazón.

Nota: los efectos en el organismo dependen de la intensidad de corriente y del tiempo de paso de la corriente por el organismo humano.

Tabla 1.3. Efectos en el organismo en función de la corriente de paso

Corriente de paso	Efectos en el organismo
0,5 mA	Sensación muy débil.
10 mA	Contracción muscular (tetanización).
30 mA	Umbral de parálisis respiratoria.
75 mA	Umbral de fibrilación cardíaca irreversible.
1 A	Parada del corazón.

Tabla 1.4. Relación entre corriente y tiempo para llegar a la fibrilación ventricular

Corriente circulante	Duración del paso de la corriente
10 mA	120 s (2 min)
20 mA	60 s (1 min)
30 mA	35 s
100 mA	3 s
500 mA	0,1 s
1000 mA (1 A)	0,03 s

Nota: más información sobre valores de la corriente y tiempo de paso, en el Apartado 2.9.6. Interruptores diferenciales.

1.2.4. Contactos directos

Se entiende por contacto directo con la corriente eléctrica, al contacto de personas o animales con partes activas de los conductores, materiales y aparatos que están bajo tensión.

Protección contra los contactos directos

La norma UNE 20460-4-41 señala los medios que utilizar para protegerse contra los contactos directos y que se resumen en:

- Protección por aislamiento de las partes activas.
- Protección por medio de barreras o envolventes.
- Protección por medio de obstáculos.

- Protección por puesta fuera de alcance por alejamiento.
- Protección complementaria por dispositivos de corriente diferencial residual.

1.2.5. Contactos indirectos

Se entiende por contacto indirecto con la corriente eléctrica, al contacto de personas o animales domésticos con partes que se han puesto bajo tensión como resultado de un fallo de aislamiento.

Protección contra los contactos indirectos

La protección contra los contactos indirectos se consigue por la aplicación de diferentes medidas y dispositivos de protección, como:

- Corte automático de la tensión de alimentación (interruptor diferencial).
- Empleo de equipos de la Clase II[2] o por aislamiento equivalente.
- En locales o emplazamientos no conductores aplicar la norma UNE 20460-4-41.
- Conexiones equipotenciales locales no conectadas a tierra.
- Por separación eléctrica de circuitos (transformadores de aislamiento).

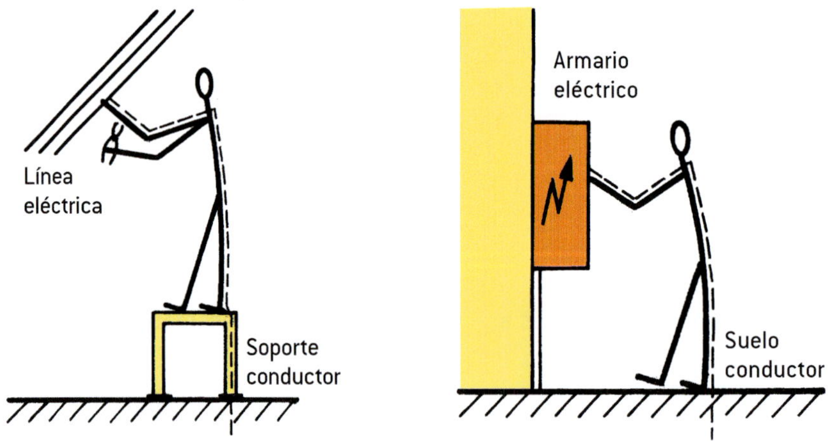

1. Contacto directo.
Contacto directo con el conductor activo.

2. Contacto indirecto.
Al tocar una parte metálica que ha entrado en contacto con un conductor activo.

Figura 1.2. Ejemplos de contacto directo y contacto indirecto.

[2] Aislamiento Clase II. Ver Apartado 1.2.6.

1.2.6. Clasificación de los receptores

Los receptores se clasifican, de acuerdo con su aislamiento, según su tensión de alimentación, posibilidad y forma de realizar la puesta a tierra de sus masas, en la forma siguiente:

Receptores de tensión nominal hasta 440 voltios e intensidad nominal no superior a 63 amperios. Estos aparatos pertenecen a una de las clases siguientes:

- **Clase 0.** No llevan dispositivos que permitan unir partes metálicas accesibles a un conductor de protección. Su aislamiento corresponde a un aislamiento funcional, aunque puede tener alguna parte provista de un doble aislamiento o de aislamiento reforzado.
- **Clase I.** Llevan dispositivos que permiten unir las partes metálicas accesibles a un conductor de protección. Su aislamiento corresponde, al menos, a un aislamiento funcional. Cuando la alimentación al aparato se realice por medio de un conductor flexible, este incluye el conductor de protección, y su clavija para toma de corriente dispone de contacto para este último conductor.
- **Clase 0I.** Llevan bornes para puesta a tierra de sus partes metálicas accesibles, y conductor flexible de alimentación fijado permanentemente al aparato. Este conductor no incluye conductor de protección ni la clavija para toma de corriente dispone de contacto para el mismo. Tienen, al menos, aislamiento funcional en todas sus partes.
- **Clase II.** No llevan dispositivos que permitan unir sus partes metálicas accesibles a un conductor de protección. Su aislamiento corresponde, en todas sus partes, a un doble aislamiento o a un aislamiento reforzado. Podrán pertenecer a uno de los siguientes tipos:
  - **II-A.** Tienen una envolvente duradera, prácticamente continua, de material aislante, que incluye todas las partes metálicas excepto pequeñas piezas, como placas de características, tornillos o remaches, que estén separadas de las partes activas por un aislamiento equivalente, al menos, al reforzado. El aparato de estas características se denomina de la Clase II con aislamiento envolvente (Clase II-A).
  - **II-B.** Tienen una envolvente metálica prácticamente continua y aislada totalmente de las partes activas por un doble aislamiento, excepto en aquellas partes en que se emplee un aislamiento reforzado por no ser realizable el doble aislamiento. El aparato de estas características se denomina de la Clase II con envolvente metálica (Clase II-B).
  - **II-C.** Aparato que combina los tipos A y B anteriores (Clase II-C).

Los receptores de la Clase II llevan el símbolo indicado al margen, situado junto a las indicaciones de sus características.

Existen receptores que sin estar clasificados, como de la Clase II, pueden considerarse, desde el punto de vista de la protección contra los contactos indirectos, como equivalentes a esta clase, en razón a los ensayos especificados en las normas que les conciernen. Es el caso, por ejemplo, de receptores electrónicos de uso doméstico.

- **Clase III.** Son los que están previstos para ser alimentados bajo una tensión no superior a 50 voltios. No tienen ningún circuito interno ni externo que funcione bajo una tensión superior a esta.

Los aparatos de las clases antes citadas presentarán un aislamiento a masa que resista una prueba bajo tensión del valor que se indica más adelante, excepto aquellos cuya especificación particular dada en la norma UNE correspondiente fije otros valores. En general, la tensión de ensayo será a 50 hercios y se mantendrá aplicada durante 1 minuto.

- Aparatos de la Clase 0, 0I y I: 1500 voltios.
- Aparatos de la Clase II, en general: 4000 voltios, excepto los transformadores de seguridad y de separación de circuitos que será de 4500 voltios.
- Aparatos de la Clase III: 500 voltios.

En la Figura 1.3 se representan símbolos de aislamiento que aparecen en aparatos que disponen de una determinada protección contra el riesgo eléctrico.

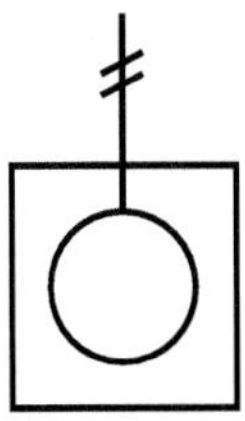	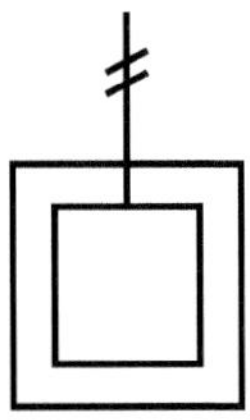	
Aislamiento complementario además del aislamiento del propio receptor.	Doble aislamiento o equivalente. Empleo de materiales de Clase II.	Separación de circuitos. Tensiones especiales.

Figura 1.3. Símbolos de aislamiento.

1.2.7. Condiciones de utilización de los receptores

Las condiciones de utilización de los receptores dependerán de su clase y de las características de los locales donde sean instalados. A este respecto se tendrá en cuenta lo dispuesto en las Instrucciones MI BT-017 y 021. **Los aparatos de la Clase II o sus equivalentes y los de la Clase III se podrán utilizar sin tomar medida de protección alguna contra los contactos indirectos.**

1.2.8. Protección por corte automático de la alimentación

El corte automático de la alimentación después de la aparición de un fallo está destinado a impedir que una tensión de contacto de valor suficiente se mantenga durante un tiempo tal que pueda dar como resultado un riesgo.

El corte automático de la instalación está prescrito cuando puede producirse un efecto peligroso en las personas o animales domésticos en caso de defecto, debido al valor y duración de la tensión de contacto. Se utilizará como referencia lo indicado en la norma UNE 20572-1.

La tensión límite convencional es igual a 50 V, valor eficaz en corriente alterna, en condiciones normales. En ciertas condiciones pueden especificarse valores menos elevados, como, por ejemplo, 24 V, para instalaciones de alumbrado público contemplados en la ITC-BT-09, apartado 10 sobre puestas a tierra.

Para los diferentes esquemas de distribución, se tendrá en cuenta lo señalado en la ITC-BT-08 y en la norma UNE 20460-4-41.

1.2.9. Accidentes eléctricos

Los accidentes que puede causar la corriente eléctrica son muchos, algunos pueden ser muy graves, e, incluso, causar la muerte. Los accidentes los podemos reunir en tres grandes grupos, a saber:

- Accidentes eléctricos en las instalaciones.
- Accidentes en los lugares que contienen las instalaciones.
- Accidentes para las personas.

Todos los accidentes deben ser tenidos muy en cuenta, y de forma especial, los que afectan a las personas.

1. Accidentes eléctricos en la instalación

Son accidentes eléctricos los que causan problemas, averías, roturas de aparatos o sus componentes, y también incendios.

2. Accidentes en los lugares que contienen las instalaciones

Los accidentes que se originan como consecuencia de un incidente eléctrico pueden tener su origen en:

- Chispas y arcos eléctricos que se producen en los contactos al conectarse y, especialmente, al desconectarse.
- Chispas que se producen por efecto de cortocircuitos.
- Calentamiento de órganos de la instalación, bobinas, conexiones, conductores, aparatos, etcétera.
- Acumulación de electricidad estática.
- Paso de conducciones con gases o almacenamiento de líquidos inflamables próximos a instalaciones eléctricas.
- Instalaciones en locales en los que hay riesgo de incendio o explosión.
- Quema de material eléctrico, con desprendimiento de gases nocivos para las personas.

A causa de los accidentes eléctricos, se pueden producir:

- Incendios.
- Explosiones.
- Intoxicaciones.

3. Accidentes para las personas

La corriente eléctrica parece inofensiva porque no la vemos, ni la detectamos por ningún fenómeno visible, ni por su olor, pero sabemos que está ahí.

La magnitud del accidente eléctrico en la persona, depende de varios factores:

- Camino que sigue la corriente eléctrica en el organismo humano.
- Tensión de contacto.
- Resistencia en el punto de contacto.
- Valor de la impedancia del cuerpo humano.
- Presión y superficie de contacto.
- Intensidad de corriente circulante.
- Frecuencia de la red eléctrica.
- Naturaleza de la corriente. Corriente alterna (CA) o corriente continua (CC).
- Estado en el que se encuentra la persona: excitada, tranquila, sudorosa, descalza o calzada, con o sin guantes.

- Sexo de la persona (hombre o mujer) y edad.
- Tiempo de paso de la corriente por el organismo.
- Comportamiento individual de cada persona ante el accidente eléctrico.

La corriente eléctrica puede afectar a las personas de diferentes formas:

➤ **a) Por contacto directo**

Cuando se entra en contacto con la corriente eléctrica de forma directa, al tocar un conductor activo de una conducción eléctrica.

➤ **b) Por contacto indirecto**

Al entrar en contacto con la corriente eléctrica de forma indirecta a través de otro elemento conductor que toca accidentalmente un conductor activo.

➤ **c) Por otros efectos derivados**

Efectos derivados de la corriente eléctrica son:

- Quemaduras.
- Intoxicaciones.
- Trastornos varios en el organismo.

1.2.10. Causas de accidentes eléctricos

La corriente eléctrica puede ser la causa de diferentes accidentes, como los que se relacionan a continuación.

➤ **a) Clasificación de los choques eléctricos**

- Choque eléctrico por contacto con elemento con tensión, bien sea directo o indirecto.
- Quemaduras por choque o arco eléctrico.
- Cortes y accidentes varios en operaciones relacionadas con los trabajos eléctricos.
- Caídas o golpes como consecuencia de una intervención en instalación eléctrica.
- Incendios o explosión con origen eléctrico.

➤ **b)Causas principales de accidentes eléctricos**

- Aun sabiendo que había tensión en el circuito, no se han puesto los medios adecuados.

- Conexión de la instalación al estar interviniendo en la misma (accionamiento de dispositivos de conexión y aislamiento, como fusibles, interruptores, seccionadores, contactores y otros).
- Manipulación incorrecta.
- Utilización de herramientas inadecuadas.
- No se sabía que había tensión en el circuito.
- Se pensaba que no había tensión.
- Descuido.
- Instalaciones eléctricas peligrosas de toma permanente.
- Instalaciones eléctricas con defectos temporales.
- Manipulación de un tercero.
- Error en la manipulación.
- No aplicar las normas y consignas establecidas.
- Desconocimiento de la instalación en cuestión.
- El interruptor diferencial (ID) no funciona o no tiene la sensibilidad que haría falta en ese circuito en concreto.
- Falta de vigilancia y acotamiento de la zona donde se está interviniendo.
- Descuidos en la intervención.

➤ c) Efectos fisiológicos no inmediatos en el cuerpo humano provocados por una descarga eléctrica

Aunque a veces parezca que la descarga eléctrica no ha tenido consecuencias de efecto inmediato, sí las puede tener a corto o medio plazo, como son:

- Manifestaciones renales.
- Trastornos cardiovasculares.
- Trastornos en el aparato digestivo.
- Trastornos sensoriales.
- Trastornos nerviosos.
- Trastornos oculares.
- Trastornos auditivos.

1.2.11. Factores que intervienen en un accidente causado por la corriente eléctrica

La Tabla 1.5 analiza las cuatro causas principales que dan lugar al accidente eléctrico.

Tabla 1.5. Resumen de los factores que intervienen en los accidentes que tienen su origen en la corriente eléctrica

Magnitud eléctrica causante	Incidencia de la magnitud sobre el accidente
INTENSIDAD (Amperios)	$\text{Intensidad} = \dfrac{\text{Tensión}}{\text{Resistencia}}$ (Amperios) **A más intensidad, mayor riesgo**
TENSIÓN (Voltios)	**Baja tensión:** a) Seguridad .... 24 V o 50 V b) Monofásica .... 230 V c) Trifásica .... 230 o 400 V d) Tensiones especiales .... 400 V a 1000 V **Alta tensión:** Tensión superior a 1000 V (en CA) y 1500 V (en CC) **A mayor tensión, mayor riesgo**
RESISTENCIA (Ohmios)	$\text{Resistencia} = \dfrac{\text{Tensión}}{\text{Intensidad}}$ (Ohmios) **Estimación de resistencia de la persona ante el riesgo eléctrico:** a) Resistencia de la persona en un medio húmedo: 1000 Ω. b) Resistencia de la persona en medio seco: 4000 Ω. **A menor resistencia, mayor riesgo**
FRECUENCIA (Hercios)	A mayor frecuencia, menos peligrosidad. Las corrientes con frecuencia superior a 10 000 Hz tienen efectos similares a si fueran tensiones de corriente continua. **A mayor frecuencia, menor riesgo**

1.2.12. Formación e información sobre seguridad

El instalador, y cualquier trabajador que realiza tareas eléctricas, debe formarse y conocer:

- Las normas de seguridad que aplicar.
- La forma de utilizar correctamente las herramientas.

- El empleo de dispositivos de seguridad (arneses, cascos, gafas, insonorizadores, máscaras, etcétera).
- Nociones de primeros auxilios.

Toda persona que participa en un trabajo eléctrico tiene que conocer:

- El trabajo concreto que va a realizar.
- Los dispositivos de seguridad y herramientas que emplear.
- La zona de trabajo donde se va a intervenir.
- Las pancartas y avisos que colocar sobre la zona de trabajo.
- Quién es el responsable de la intervención que realizar.

Observación importante: la formación que podamos tener en seguridad, no es cosa de una charla o un cursillo que pueda impartirse en un momento dado, debe ser fruto de una constante puesta al día sobre los medios cada vez más sofisticados que se ponen a nuestra disposición, así como del conocimiento de las normas y consignas que la legislación determina constantemente en su afán de reducir los accidentes, y que tiene que ser nuestro interés personal el que nos lleve a exigir que en toda nuestra actividad industrial y laboral se cumplan y apliquen las normas de seguridad que correspondan y que la Administración exija.

1.3. MEDIOS Y EQUIPOS DE SEGURIDAD

La seguridad en el trabajo, y más concretamente en el de mantenimiento y reparación de instalaciones eléctricas, está sujeta a precauciones especiales, cumplimiento de normas y la utilización de materiales y equipos que son propios de este tipo de trabajo, dado que la corriente eléctrica entraña un riesgo para las personas que trabajan en este medio.

Todos los que trabajan con electricidad (instaladores, utilizadores, mantenedores y conservadores) se deben prevenir contra los efectos de la electricidad y, por tanto, poner todos los medios disponibles para protegerse.

Nos parece que la seguridad la deben aplicar los que trabajan con alta tensión (AT), incluso los que intervienen en circuitos de media tensión (MT), mientras que los que trabajan con baja tensión (BT) están exentos de cuidarse contra los graves efectos de la corriente eléctrica, que, por supuesto, también se dan en baja tensión.

Citamos el Real Decreto 773/1997, de 30 de mayo, sobre disposiciones mínimas de seguridad y salud relativas a la utilización por los trabajadores de equipos de protección individual, por su importancia en la materia que estamos estudiando.

La Ley 31/1995, de 8 de noviembre, de Prevención de Riesgos Laborales, determina el cuerpo básico de garantías y responsabilidades que es preciso para establecer un adecuado nivel de protección de la salud de los trabajadores frente a los riesgos derivados de las condiciones de trabajo, en el marco de una política coherente, coordinada y eficaz. Según el artículo 6 de la misma Ley, serán las normas reglamentarias las que irán fijando y concretando los aspectos más técnicos de las medidas preventivas.

En el Anexo I se cita una lista no exhaustiva de equipos de protección individual que se exponen a continuación:

1. **Protectores de la cabeza**
   - Cascos de seguridad (obras públicas y construcción, minas e industrias diversas, y montajes).
   - Cascos de protección contra choques e impactos.
   - Prendas de protección para la cabeza (gorros, gorras, sombreros, etc.; de tejido, de tejido recubierto, etcétera).
   - Cascos para usos especiales (fuego, productos químicos).
2. **Protectores de los oídos**
   - Protectores auditivos tipo tapones.
   - Protectores auditivos desechables o reutilizables.
   - Protectores auditivos tipo orejeras, con arnés de cabeza, bajo la barbilla o la nuca.
   - Casco antirruido.
   - Protectores auditivos acoplables a los cascos de protección para la industria.
   - Protectores auditivos dependientes del nivel.
   - Protectores auditivos con aparatos de intercomunicación.
3. **Protectores de los ojos**
   - Gafas de montura universal.
   - Gafas de montura integral (uni o biocular).
   - Gafas de montura *cazoletas*.

- Pantallas faciales.
- Pantallas para soldadura (de mano, de cabeza, acoplables a casco de protección para la industria).

4. **Protección de las vías respiratorias**
   - Equipos filtrantes de partículas (molestas, nocivas, tóxicas o radioactivas).
   - Equipos filtrantes frente a gases y vapores.
   - Equipos filtrantes mixtos.
   - Equipos aislantes de aire libre.
   - Equipos aislantes con suministro de aire.
   - Equipos respiratorios con casco o pantalla para soldadura.
   - Equipos respiratorios con máscara amovible para soldadura.
   - Equipo de submarinismo.
5. **Protectores de manos y brazos**
   - Guantes contra agresiones mecánicas (perforaciones, cortes, vibraciones).
   - Guantes contra las agresiones químicas.
   - Guantes contra las agresiones de origen eléctrico.
   - Guantes contra las agresiones de origen térmico.
   - Manoplas.
   - Manguitos y mangas.
6. **Protectores de pies y piernas**
   - Calzado de seguridad.
   - Calzado de protección.
   - Calzado de trabajo.
   - Calzado y cubrecalzado de protección contra el calor.
   - Calzado y cubrecalzado de protección contra el frío.
   - Calzado frente a la electricidad.
   - Calzado de protección frente a las motosierras.
   - Protectores amovibles del empeine.

- Polainas.
- Suelas amovibles (antitérmicas, antiperforación o antitranspiración).
- Rodilleras.

7. **Protección de la piel**
    - Cremas de protección y pomadas.
8. **Protectores del tronco y el abdomen**
    - Chalecos, chaquetas y mandiles de protección contra las agresiones mecánicas (perforaciones, cortes, proyecciones de metales en fusión).
    - Chalecos, chaquetas y mandiles de protección contra las agresiones químicas.
    - Chalecos termógenos.
    - Chalecos salvavidas.
    - Mandiles de protección contra rayos X.
    - Cinturones de sujeción del tronco.
    - Fajas y cinturones antivibraciones.
9. **Protección total del cuerpo**
    - Equipos de protección contra las caídas de altura.
    - Dispositivos anticaídas deslizantes.
    - Arneses.
    - Cinturones de sujeción.
    - Dispositivos anticaídas con amortiguador.
    - Ropa de protección.
    - Ropa de protección contra las agresiones mecánicas (perforaciones, cortes).
    - Ropa de protección contra las agresiones químicas.
    - Ropa de protección contra las proyecciones de metales en fusión y las radiaciones infrarrojas.
    - Ropa de protección contra fuentes de calor intenso o estrés térmico.
    - Ropa de protección contra bajas temperaturas.
    - Ropa de protección contra la contaminación radioactiva.

- Ropa antipolvo.
- Ropa antigás.
- Ropa y accesorios (brazaletes, guantes) de señalización (retrorreflectantes, fluorescentes).

Figura 1.4. Diversos equipamientos para realizar determinados trabajos.

1.4. EQUIPOS DE PROTECCIÓN PERSONAL

Todos los trabajos que realiza el electricista no son iguales, tienen variantes unos de otros. Son diferentes los materiales empleados, las herramientas, el lugar de ejecución, las condiciones ambientales, con tensión, sin tensión, en altura, en locales secos o húmedos, con riesgo de incendio o explosión, etc. Cada trabajo requiere de unos equipamientos que sean adecuados con el trabajo que se realiza en ese momento.

1.4.1. Equipos de protección

La protección puede ser general o individual.

La protección general es aquella que se aplica a los equipos eléctricos y sus receptores y para que las personas que trabajan en torno a ellos estén protegidas en condiciones normales de utilización de la misma, como son las protecciones contra contactos directos y contra contactos indirectos.

La protección individual es la que corresponde a cada uno, y de forma individual. El electricista debe equiparse correctamente para la realización de diferentes tareas.

Equiparse con protección complementaria a base de útiles y herramientas que se utilizarán para realizar determinados trabajos eléctricos.

También hay otros medios de protección como son, entre otros, extintores (Figura 1.5), cierres, cintas, cadenas, mantas ignífugas, candados de cierre, andamios, etcétera.

Figura 1.5. Extintores contra el fuego.

1.4.2. Equipos de protección individual (EPI)

EPI: equipos de protección individual.

El RD 773/1997 define al material EPI:

«Se entenderá por EPI a cualquier equipo destinado a ser llevado o sujetado por el trabajador para que le proteja de uno o varios riesgos que puedan amenazar su seguridad o su salud, así como cualquier complemento o accesorio destinado a este fin».

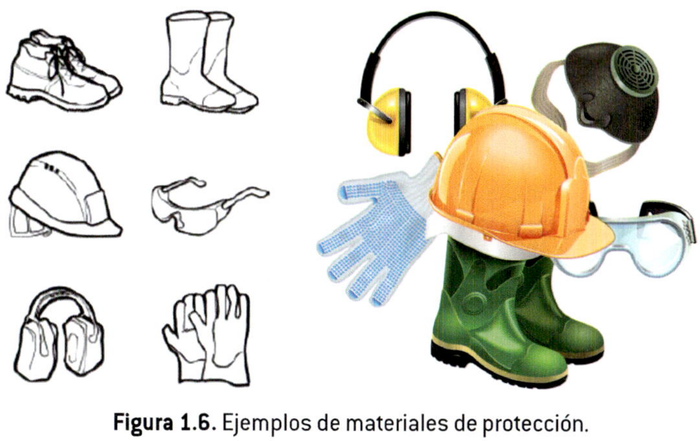

Figura 1.6. Ejemplos de materiales de protección.

1.5. USO Y MANTENIMIENTO

Es muy importante que los equipos de seguridad, y por supuesto las herramientas de trabajo, se utilicen correctamente, de la forma para la que está prevista su utilización.

Cada tipo de trabajo requiere unas herramientas y equipamiento personal y acondicionamiento del entorno que les es propio. Un útil no vale para todo, cada prenda, objeto o herramienta debe utilizarse de la forma para la que está diseñada.

Para cada trabajo, hay que equiparse con los medios establecidos y usarlos correctamente.

Respecto al mantenimiento de los equipos de seguridad, una vez terminada su utilización, limpiarlos, repasarlos y desechar los que estén en mal estado. Guardar en un lugar adecuado con la seguridad de que en el momento de que sean necesarios estarán en buen estado para su utilización.

Hay un dicho latino que dice: «guarda el orden y el orden te guardará». Si utilizamos bien las cosas y en orden, el orden nos ayudará a evitar los riesgos de accidente.

1.6. PREVENCIÓN Y PROTECCIÓN MEDIOAMBIENTAL

En los trabajos de montaje e instalación de «instalaciones solares térmicas» se tendrá en cuenta poner el máximo cuidado en las tareas que se realizan y aplicar las consignas y normativa de protección medioambiental. Con este fin, en el momento de realizar los trabajos se aplicarán las recomendaciones siguientes:

- Cuidado máximo con el lugar y entorno en el que se realiza la instalación.
- Trabajar con orden y limpieza.
- No dejar sucia la zona en la que se interviene.
- Retirar los restos de materiales que puedan quedar sobre la zona de intervención.
- No tirar líquidos de limpieza del circuito hidráulico al suelo, ni al alcantarillado.
- Reparar las fugas que puedan darse en la instalación.

Respecto al impacto medioambiental de la instalación hay que procurar que sea el mínimo posible, ajustándose siempre al proyecto y a las ordenanzas de los respectivos ayuntamientos.

En algunos lugares estas instalaciones están copiando la antigua situación de las antenas de TV, que llenaban, de forma irregular y anárquica, todos los tejados y azoteas de los edificios.

Otro riesgo que hay que evitar por sus consecuencias es el incendio, cuya causa puede estar en chispas de soldaduras eléctrica o autógena, radiales e incluso por cortocircuitos.

Respetar las normas y consignas que trasmita el encargado de la obra y cumplir lo que indican las señales de seguridad representadas en el cartel situado a pie de obra.

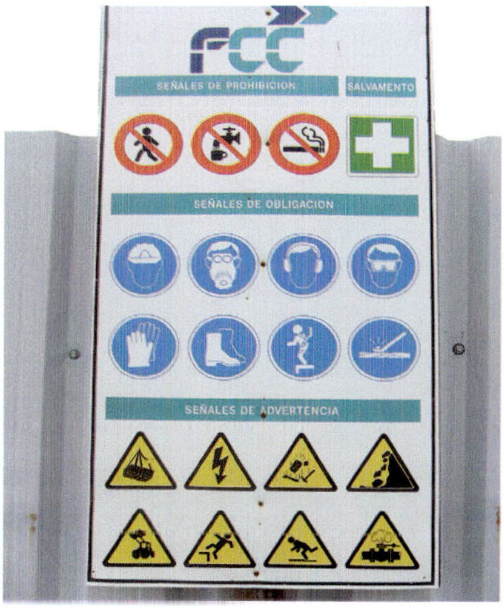

Figura 1.7. Cartel con las señales de seguridad con las que se indica a los operarios lo que deben cumplir y aplicar.

1.7. EMERGENCIAS

En este tipo de instalaciones no suele haber riesgo de accidentes graves, por lo que no se prevén emergencias especiales, como sucede cuando se trabaja en lugares con riesgo de incendio o explosión, en altura o fosos, etc., sin embargo, no quita que pueda darse un accidente por causas varias.

El responsable de una obra conocerá el procedimiento que seguir en caso de accidente grave que requiera un traslado urgente a un centro hospitalario (emergencia).

El responsable en la obra aplicará el «protocolo» establecido por la empresa en función de la gravedad estimada, como puede ser:

- Llamar a un centro médico, mutua u otra entidad, para que acuda al lugar del accidente.

- Llamar a un servicio de ambulancia.
- Conocer el centro al que se debe trasladar al accidentado en caso grave.
- Disponer del número de teléfono de contacto con el equipo médico para prevenir sobre la situación del accidentado.
- Otros números de teléfono (policía, protección civil, ambulancia, etcétera).

También habrá al menos una persona que tenga conocimientos de primeros auxilios para socorrer al accidentado en espera de la llegada de la asistencia exterior.

Mientras se espera la llegada de los auxilios exteriores, ***proteger*** y ***socorrer*** a la víctima en todo lo que sea posible hacer, sin añadirle más traumas a la persona accidentada. Ante la duda, sobre una acción que aplicarle, mejor no hacer nada.

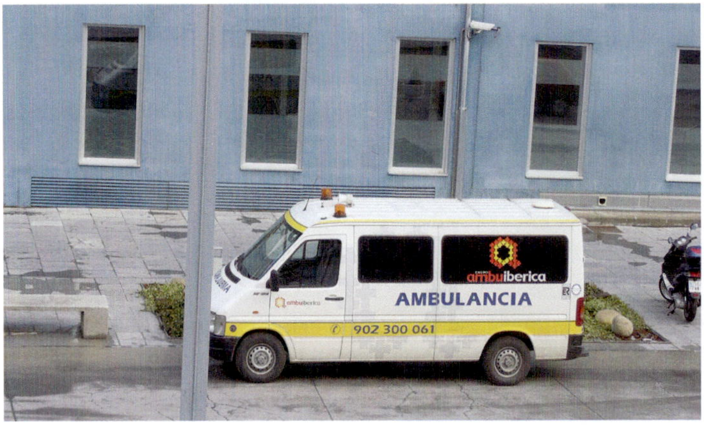

Figura 1.8. Ambulancia para trasladar a un accidentado.

Ante una emergencia el procedimiento que seguir queda resumido por la memorización de tres letras: PAS.

PROTEGER	AVISAR	SOCORRER

Proteger: al accidentado que se va a socorrer.

Avisar: a los servicios de emergencia (hospital, bomberos, policía, protección civil) que interesen en función al tipo de accidente.

El teléfono de emergencia en España es el 112.

Socorrer: después de **proteger** convenientemente al accidentado, se procederá a practicarle los primeros auxilios.

1.8. EVACUACIÓN

La evacuación del accidentado se realizará en el tiempo más breve posible.

- Avisar rápidamente al servicio asistencial que se tenga contratado.
- Informar sobre el tipo de accidente y gravedad del mismo.
- Prestar al accidentado la asistencia de primeros auxilios que sea posible, en el lugar del accidente.
- Si se trata de una parada cardíaca actuar rápidamente y empezar con la respiración artificial, que tiene que ser: **instantánea**, **ininterrumpida** y **duradera.**

Figura 1.9. Señal que muestra el camino que seguir para la evacuación de un lugar en caso de emergencia.

1.9. PRIMEROS AUXILIOS

Formas de actuar ante el accidente eléctrico.

1.9.1. Forma de proceder ante una descarga eléctrica

1. Cortar la tensión, siempre que sea posible.
2. Apartar a la persona de la red eléctrica.
3. Si el corte de tensión no es posible, retirar a la persona utilizando elementos aislantes, como pértigas, maderas secas, guantes aislantes u otros objetos.

   La persona que está en contacto con la electricidad es conductora y, por tanto, hay que evitar su contacto directo.
4. Si la persona electrocutada está pegada al conductor, cortarlo con una herramienta con mango aislante.
5. Pedir ayuda de forma inmediata.

1.9.2. Formas de intervención ante el accidente eléctrico

Atender con prontitud a un accidentado por efecto eléctrico puede salvar su vida, aunque su estado sea grave, para lo que hay que estar preparado y conocer la forma de actuar en estos casos, empezando por la aplicación de la respiración artificial.

1. Respiración y salvamento

Procedimiento que seguir ante una parada respiratoria.

Respiración boca a boca, boca a nariz.

- No traslade al accidentado por su cuenta.
- Comience rápidamente su recuperación.
- No interrumpa el ritmo.

Tabla 1.6. Fases de la forma de actuar para aplicar respiración artificial a una persona electrocutada

Fases	Posición	Acciones que realizar
1		Examine si hay materias extrañas en la boca de la víctima (mucosidad, alimentos, arena, tabaco, dentadura suelta, etc.). Si las hay, tuerza la cabeza de la víctima a un lado y quítelos con los dedos envueltos en una tela o sin ella.
2	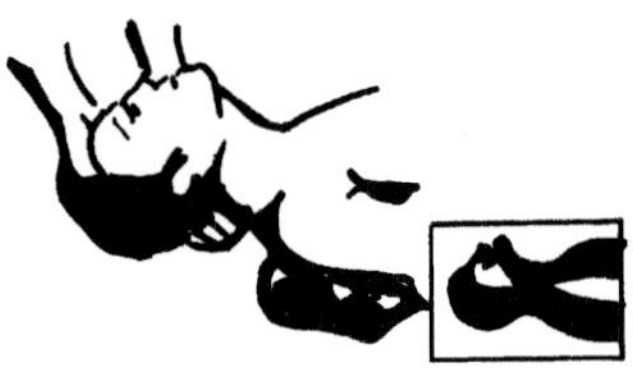	Levante el cuello de la víctima y coloque debajo de sus hombros una manta, un abrigo plegado, etc. Inclínele la cabeza hacia atrás tanto como se pueda.
3	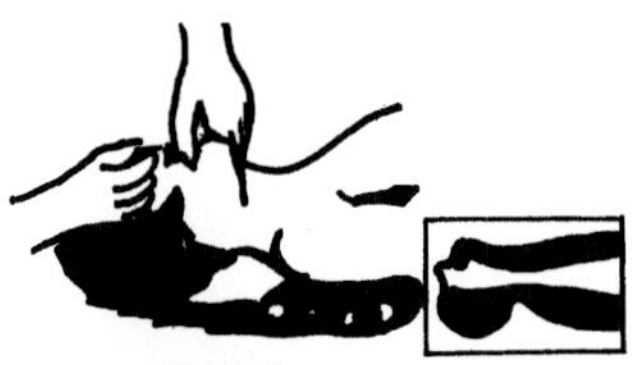	Agarre la mandíbula con el pulgar sobre un costado de la boca y tire hacia delante. Conserve esta posición para mantener el paso de aire abierto.
4		Cierre la nariz con el pulgar e índice, respire profundamente, coloque su boca sobre la víctima y sople o cierre la boca de la víctima, respire hondo y sople por la nariz. Sople por la boca o nariz de la víctima hasta ver que el pecho se infle. A los niños se les aplica la respiración de salvamento a través de la boca y nariz, con el pulgar en la boca.

Fases	Posición	Acciones que realizar
5		Retire la boca para que se verifique la salida del aire. A los adultos se les aplica unas 12 respiraciones por minuto. Para los niños unas 20 respiraciones por minuto, aunque se empleen inhalaciones relativamente poco profundas.
6		Si fracasan los primeros intentos para inflar los pulmones, gire a la víctima de lado y adminístrele unos golpes bruscos entre los hombros intentando así eliminar la obstrucción.
7	REPITA AHORA EL PROCESO ENTERAMENTE	

Nota: un pañuelo colocado sobre la boca o nariz de la víctima evita la necesidad del contacto directo. Esto no afecta mucho el paso del aire.

No interrumpir el tratamiento hasta la llegada de un médico.

2. Lo que hay que hacer y no hacer ante el accidente eléctrico con «atrape»

Ante un accidentado que continúe en contacto con la corriente eléctrica:

➤ a) Lo que hay que hacer

- Cortar la corriente eléctrica.
- Si no es posible cortar la corriente, proceder a su liberación protegiéndose adecuadamente con guantes aislantes u otros materiales aislantes.
- Tirar del accidentado por la ropa (nunca tocando su cuerpo).

Cuanto antes se retire al accidentado de la corriente, tanto mejor.

➤ b) Lo que no hay que hacer

- No proceder a la liberación sin antes protegerse.
- No coger directamente por las axilas, las manos, cabeza, etc., o zonas que puedan estar húmedas, y el que socorre, sin aislamiento protector.

1.10. ZONAS DE TRABAJO

Las zonas en las que realiza su trabajo el instalador de instalaciones eléctricas para paneles solares térmicos pueden estar dentro de un recinto o en el exterior. Las instalaciones térmicas tienen una ubicación que en algunos casos puede entrañar un riesgo añadido, especialmente cuando se hace sobre fachadas, tejados y lugares con difícil acceso. Las intervenciones que se hagan en lugares de difícil acceso se harán con los medios adecuados para evitar los riesgos de accidente, que de darse, pueden ser muy graves.

Consideramos como zonas peligrosas los trabajos que se hacen en altura, en los tejados, y también las intervenciones que se hacen en locales húmedos.

1.10.1. Señalización del riesgo eléctrico

La señalización en determinadas partes de las instalaciones eléctricas es una forma de prevenir el riesgo eléctrico para que no se convierta en accidente.

➤ a) Para instalaciones y materiales eléctricos

Toda instalación eléctrica estará convenientemente señalizada y protegida para evitar que se produzcan contactos directos con la misma.

- Los cuadros y armarios eléctricos tendrán la etiqueta correspondiente señalando el posible peligro eléctrico.
- Los armarios y pupitres que están fuera de recintos especiales y al alcance del personal ajeno a la instalación eléctrica estarán cerrados y no podrán abrirse más que con llaves especiales.
- Las cabinas eléctricas estarán señalizadas y se prohibirá la entrada a toda persona ajena a la misma. El acceso será a través de llave especial.
- Cerrar y aislar con paneles, rejillas, etc., todos aquellos elementos que sea posible hacerlo, para evitar el acceso involuntario o voluntario a partes bajo tensión eléctrica.

➤ b) Para intervenciones en las instalaciones

Cuando se va a intervenir en una instalación eléctrica, se pondrán todas las señales que correspondan al tipo de trabajo que realizar. Más vale pecar por exceso que por defecto.

Además del cumplimiento de las normas señaladas en esta obra, respecto a la forma de realizar el trabajo eléctrico, resulta muy importante todo lo concerniente a la señalización a base de carteles, cintas y otros.

- Marcar la zona de intervención.

- Poner carteles que señalen claramente que no se puede manipular la instalación durante el tiempo que dure la intervención.
- Señalar que hay trabajos en curso y que lo está realizando «Fulano de Tal». Es muy informativo, personalizar al responsable que está ejecutando el trabajo.

Algunas de las señales de aviso y advertencia de riesgo que aparecen en las instalaciones eléctricas.

Figura 1.10. Muestrario de señales eléctricas.

➤ c) Para intervenciones con carácter general

En todas las obras se colocarán las señales que correspondan a los trabajos que realizar, del tipo que sean, tal como se señala en los ejemplos que se presentan a continuación.

Las señalizaciones serán de obligado cumplimiento para todas las personas que trabajan o entran en la obra.

d) «Cinco Reglas de Oro» para los trabajos eléctricos sin tensión

Tabla 1.7. Resumen de las «5 Reglas de Oro» que deben aplicarse en trabajo en circuitos eléctricos sin tensión

«5 REGLAS DE ORO» para trabajar en instalaciones eléctricas sin tensión		Tipo de instalación	
		Baja tensión U ≤ 1000 V	**Alta tensión U ≥ 1000 V**
1.ª	Abrir todas las fuentes de tensión.	OBLIGATORIO	OBLIGATORIO
2.ª	Enclavamiento o bloqueo, si es posible, de los aparatos de corte.	OBLIGATORIO SI ES POSIBLE	OBLIGATORIO SI ES POSIBLE
3.ª	Comprobación de la ausencia de tensión.	OBLIGATORIO	OBLIGATORIO
4.ª	Puesta a tierra y en cortocircuito.	OBLIGATORIO	OBLIGATORIO
5.ª	Señalización y delimitación de la zona de trabajo.	RECOMENDABLE	OBLIGATORIO

Nota: no hay que fiarse nunca de la corriente eléctrica, no se ve y es traicionera.

Figura 1.11. Señalización en una obra.

1.11. SEÑALIZACIÓN DE SEGURIDAD

Como se viene diciendo, la señalización es muy importante para la prevención de accidentes en los trabajos, y también, sobre las instalaciones. Las señales estarán bien visibles, para señalar:

- Entrada y salida a la obra.
- Prohibiciones de paso, y otros avisos y advertencias.
- Indicación de los equipamientos individuales EPI (equipamientos de protección individual), para la realización de diferentes trabajos.
- Indicación de los equipamientos colectivos.
- Señalización de posibles riesgos por: electricidad, manipulación, gases, líquidos, etcétera.
- Empleo de cintas de balizamiento para acotar zonas con riesgo (excavaciones, zanjas, obras, posibles caídas, montajes, etcétera).
- Acotado de partes móviles de las máquinas.
- Las señales de seguridad son un elemento imprescindible para advertir a los operarios, que intervienen en una obra o instalación, sobre las normas que aplicar, obligaciones, advertencias, consignas, equipamiento, información y prohibiciones.

1.11.1. Clasificación de las señales de seguridad para instalaciones

Se distinguen cuatro tipos de señales:

a) **Advertencia:** advierten de un peligro.

b) **Prohibición:** prohíben comportamientos susceptibles de provocar un peligro.

c) **Obligación:** obligan a un comportamiento determinado.

d) **Información:** proporcionan información sobre la forma de proceder o actuar.

1.11.2. Representación de las señales de seguridad

Tabla 1.8. Características de las señales de advertencia

Señal de advertencia			
Forma: triangular			
Colores que identifican la señal			
Símbolo	Seguridad	Contraste	
negro	amarillo	negro	

Tabla 1.9. Características de las señales de prohibición

Señal de prohibición		
Forma: circular		
Colores que identifican la señal		
Símbolo	**Seguridad**	**Contraste**
negro	rojo	blanco

Tabla 1.10. Características de las señales de obligación

Señal de obligación		
Forma: circular		
Colores que identifican la señal		
Símbolo	**Seguridad**	**Contraste**
blanco	azul	blanco

Tabla 1.11. Características de las señales de información

Señal de información		
Forma: rectangular o cuadrada		
Colores que identifican la señal		
Símbolo	**Seguridad**	**Contraste**
blanco	verde	blanco

La Figura 1.12 muestra las normas de seguridad que aplicar en un aserradero. Además de ser una señal muy clara, es también muy didáctica.

Las dimensiones de una señal dependerán de la distancia a la que tiene que ser visible o leída. En la Tabla 1.12 se muestran los valores correspondientes.

Figura 1.12. Muestra de señales de seguridad que aplicar en una determinada actividad.

Tabla 1.12. Dimensiones de la señal en función de la distancia a la que debe ser visible

Dimensiones de la señal (mm)	Distancia máxima según la forma de la señal (m)		
	Δ	○	□
1189	34,98	49,73	53,17
841	24,74	35,18	37,61
594	17,48	24,85	26,56
420	12,36	17,57	18,78
297	8,74	12,42	13,28
210	**6,18**	**8,78**	**9,39**
148	4,36	6,19	6,62
105	3,09	4,39	4,70

Ejemplo de utilización de la tabla: una señal de 210 mm es visible (interpretada) a:

- 6,18 m si es una señal triangular.
- 8,78 m si es una señal redonda.
- 9,39 m si es una señal cuadrada.

Resumen sobre la clasificación de las señales de seguridad

Como se ha indicado, las señales de seguridad se clasifican en informativas, de advertencia, de obligación y de prohibición, las cuales según su tipo y significado deben tener las formas geométricas y los colores que se indican en la Tabla 1.13, además de llevar el pictograma correspondiente en su interior.

Tabla 1.13. Forma y colores de las señales de seguridad

Tipo de señal de seguridad	Forma geométrica	Color			
		Pictograma	Fondo	Borde	Banda
Advertencia o precaución	Triangular	Negro	Amarillo	Negro	—
Prohibición	Redonda	Negro	Blanco	Rojo	Rojo
Obligación	Redonda	Blanco	Azul	Blanco o Azul	—
Información contra incendios	Rectangular o cuadrada	Blanco	Rojo	—	—
Salvamento o socorro	Rectangular o cuadrada	Blanco	Verde	Blanco o Verde	—

1.11.3. Señales eléctricas

Los armarios y lugares que contengan aparatos eléctricos estarán correctamente marcados respecto al peligro que supone acceder o intervenir en ellos.

Figura 1.13. Ejemplo de señales advirtiendo del riesgo eléctrico.

Los trabajos eléctricos no se limitan exclusivamente a tareas eléctricas, y, por tanto, al riesgo eléctrico. Como hemos visto hay otras tareas complementarias que también realiza el instalador, por lo que hay que advertir de los mismos y equiparse no solo para el trabajo eléctrico, también, para los demás riesgos que nos puedan afectar. La Figura 1.14 muestra diversas señales de seguridad (advertencia, obligación y prohibición) que hay que aplicar en esa obra en concreto.

Debemos recordar que muchos trabajos los realizamos con otros gremios, que tienen su normativa particular. También deberemos cumplir con las normas que nos puedan afectar al compartir zona de trabajo.

Figura 1.14. Cartel en obra que recoge varias señales de seguridad.

1.12. NORMATIVA DE APLICACIÓN

Los materiales de protección para la prevención de riesgos laborales se ajustarán a la normativa vigente y deberán emplearse los homologados. Con la seguridad no se puede jugar, es una cosa muy seria.

Prevención de riesgos laborables

Tabla 1.14. Leyes o RD de reglamentación nacional

Ley o Real Decreto	Contenido
Orden de 9 de marzo de 1971	Ordenanza general de seguridad e higiene en el trabajo.
Real Decreto 7/1988, de 8 de enero. Posteriormente desarrollado	Exigencias de seguridad del material eléctrico destinado a ser utilizado en determinados límites de tensión.
Ley 31/1995, de 8 de noviembre	Prevención de riesgos laborales (PRL).
Real Decreto 39/1997	Reglamento de los servicios de prevención.
Real Decreto 486/1997, de 14 de abril	Disposiciones mínimas de seguridad y salud relativas a la manipulación manual de cargas que entrañen riesgos, en particular dorsolumbares, para los trabajadores.
Real Decreto 485/1997, de 14 de abril	Disposiciones mínimas en materia de señalización de seguridad y salud en el trabajo.
Real Decreto 773/1997, de 30 de mayo	Disposiciones mínimas de seguridad y salud relativas a la utilización de los trabajadores de equipos de protección individual.
Real Decreto 1215/1997, de 18 de junio	Disposiciones mínimas de seguridad y salud para la utilización por los trabajadores de equipos de trabajo.

MUY IMPORTANTE

Real Decreto 614/2001 sobre **Disposiciones Mínimas para la Protección de la Salud y Seguridad de los Trabajadores frente al Riesgo Eléctrico.**

Su lectura y consulta resultará muy importante para saber cómo actuar en cada momento o aclarar dudas que puedan surgir en el desarrollo del trabajo o preparación del mismo.

ACTIVIDADES FINALES

A continuación, y a modo de repaso sobre la materia estudiada, se presenta una serie de preguntas para que puedas evaluarte sobre los conocimientos adquiridos.

1.1. **Cuando preparo un trabajo de montaje para una instalación eléctrica solar térmica, ¿qué debo preparar además de los materiales?**

1.2. **¿Qué significa esta señal?**

1.3. **¿Qué magnitudes eléctricas son peligrosas, respecto al accidente eléctrico?**

1.4. **¿Qué intensidad circulará por una persona que toca con ambas manos dos conductores activos de una línea monofásica de 230 V y ofrece una resistencia de contacto de 2500 Ω?**

1.5. **¿A qué da lugar una corriente de 0,0092 A = 9,2 mA?**

1.6. **¿Qué es riesgo eléctrico?**

1.7. **Cita cinco posibles accidentes que puede causar la corriente eléctrica en el organismo humano.**

1.8. **¿Qué es un contacto directo?**

1.9. **¿Qué efectos produce en el organismo una corriente ≤ 10 mA?**

1.10. **¿Qué es un contacto indirecto?**

1.11. **¿Cuál es el aparato principal que nos protege de los contactos indirectos?**

1.12. **¿Por qué es importante el Real Decreto 614/2001?**

1.13. **¿Con qué están relacionadas las señales que se ponen en una obra?**

1.14. **¿Qué son los EPI?**

1.15. **¿Electricidad más agua a qué es igual?**

1.16. **De qué trata la Ley 31/1995, de 8 de noviembre.**

1.17. **Tipos de señales.**

1.18. **¿Qué tipo de señal es esta?**

1.19. ¿Qué tipo de señal es esta?

1.20. ¿Qué tipo de señal es esta?

1.21. ¿Qué tipo de señal es esta?

1.22. ¿Qué hay que hacer con una persona electrocutada?

1.23. ¿A quién hay que avisar en caso de una emergencia?

1.24. ¿A qué se aplican las 5 Reglas de Oro?

2. Accionamiento y control eléctrico en instalaciones solares térmicas

Contenidos

2.18. Medida de magnitudes eléctricas

2.19. Elementos eléctricos de maniobra en baja tensión

2.20. Principios de regulación y control

2.21. El control lógico programable

Actividades finales

INTRODUCCIÓN

En este capítulo vamos a estudiar física eléctrica aplicada y tecnología de los materiales de maniobra, potencia, medida y control (aparamenta) utilizados en los circuitos eléctricos correspondientes a instalaciones eléctricas que controlan las instalaciones solares térmicas.

Estudiaremos la generación de electricidad, los esquemas de distribución, los esquemas eléctricos, los motores, los conductores eléctricos y sus secciones necesarias.

El índice de materias es amplio y muy importante en contenidos, para que el electricista adquiera los conocimientos básicos que le permitan desarrollar el oficio con una base formativa sólida.

OBJETIVOS

A lo largo de este importante capítulo dedicado a la tecnología eléctrica vamos a estudiar las materias más importantes relacionadas con las instalaciones eléctricas aplicadas a instalaciones solares térmicas, con conceptos como son:

- Conocimientos de electricidad, generación y distribución de la energía eléctrica.
- Física eléctrica aplicada.
- Aparamenta eléctrica (aparatos de maniobra y protección).
- Esquemas eléctricos e hidráulicos.
- Motores eléctricos.
- Aparatos de medida.
- Aparatos empleados en instalaciones solares térmicas.
- Aparatos de control para instalaciones solares térmicas.

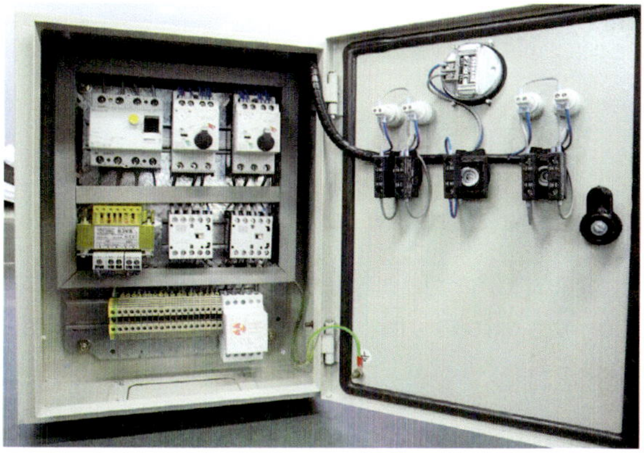

Figura 2.1. Armario eléctrico.

2.1. FUNDAMENTOS DE ELECTRICIDAD

Se entiende por electricidad o corriente eléctrica, al flujo de electrones que circulan por un conductor como consecuencia de haber una fuerza electromotriz o diferencia de potencial (ddp).

La electricidad es una de las formas principales en que se presenta la energía para su utilización.

La energía eléctrica es básica en el desarrollo actual, ya que la encontramos en todos los ámbitos de nuestra sociedad. Está presente en casi todo, por no decir en todo. Difícilmente encontramos tecnologías en las que la electricidad no esté presente de alguna forma.

2.1.1. Producción de energía eléctrica

La energía eléctrica no se encuentra libre en la naturaleza, como es el caso de otras energías, razón por la que es necesario transformarla a partir de otras formas de energía.

Tabla 2.1. Fuentes de energía a partir de las cuales se obtiene energía eléctrica

Energía de origen	Procedimiento de obtención
Solar (fotovoltaica)	Paneles fotovoltaicos.
Eólica (fuerza del aire)	Molinos aerogeneradores.
Hidráulica (agua)	Centrales hidroeléctricas.
Carbón	Centrales térmicas.
Petróleo y sus derivados	Centrales térmicas.
Gas natural	Centrales térmicas y de ciclo combinado.
Energía nuclear (uranio, plutonio y otros)	Centrales nucleares.
Productos químicos y materias varias	Todo tipo de pilas.
Gases varios	Centrales térmicas y combinadas.

2.1.2. Centrales eléctricas

En el ámbito industrial, la energía eléctrica se obtiene a partir de centrales eléctricas que transforman otras formas de energía en energía eléctrica, para su posterior aplicación.

A excepción de la energía solar y química utilizada en la producción de electricidad, en general, la energía eléctrica se obtiene por el efecto de una fuerza proveniente del vapor de agua que se obtiene al quemar petróleo, gas natural y carbón. También a partir de la fisión controlada del uranio. La fuerza obtenida se aplica a turbinas a través de las cuales se mueven dinamos o alternadores que son máquinas que generan electricidad.

Figura 2.2. Parque eléctrico en una central hidroeléctrica.

2.1.3. Transporte de la energía eléctrica

La energía eléctrica normalmente se produce lejos de los puntos de utilización, por lo que será necesario realizar el transporte de esta forma de energía hasta el lugar de aplicación.

Para realizar el transporte de la energía eléctrica se eleva el valor de la tensión a magnitudes muy importantes, como: 200 kV, 400 kV y más. La elevación del valor de la tensión, reduce, en la misma proporción, el valor de la intensidad de la corriente eléctrica que va a circular por los conductores de la línea de transporte.

Esta transformación de los valores de la tensión (V) y la intensidad (A) es muy importante por dos efectos derivados, como son:

- Reducción de la sección necesaria en las líneas, para el transporte de energía eléctrica.
- Reducción de las pérdidas de energía a lo largo de la línea de transporte.

Figura 2.3. Transporte de la energía eléctrica.

2.1.4. Distribución de la energía eléctrica

En las proximidades de la utilización se acondiciona la electricidad para su distribución, que podrá hacerse en media tensión (MT) o baja tensión (BT).

Para el acondicionamiento de la electricidad se utilizan estaciones y subestaciones donde la tensión de llegada se reduce a los niveles o valores de utilización (tensión), por medio de transformadores que son máquinas eléctricas estáticas que pueden elevar o reducir los valores de la tensión y la intensidad de la corriente eléctrica.

Figura 2.4. Subestación para acondicionar la tensión a los valores de baja tensión. El elemento fundamental es el transformador de tensión.

La **distribución** de la energía eléctrica se hace en corriente alterna trifásica, pudiendo llegar a los utilizadores en líneas monofásicas (fase y neutro) o líneas trifásicas con neutro.

➤ a) Corrientes alternas trifásicas

En la Figura 2.5 se representan las tres fases de un circuito trifásico. Cada fase está desfasada 120º respecto a la fase precedente.

Cada fase describe el ciclo correspondiente a una función senoidal.

➤ b) Frecuencia

La frecuencia de las redes eléctricas en Europa es de 50 Hz (períodos por segundo). Hay países en los que la frecuencia es de 60 Hz.

En las redes de distribución hay que distinguir dos valores fundamentales, que son:

- *Frecuencia:* 50 Hz.
- *Tensión:* Entre fases: 400 V
  Entre fase y neutro: 230 V

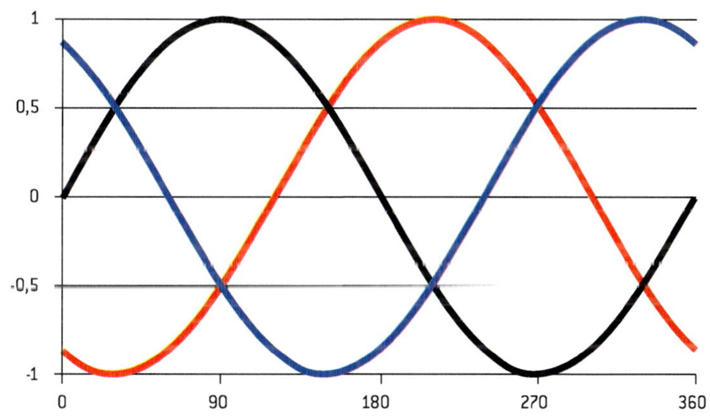

Figura 2.5. Representación de las tres fases de un sistema trifásico.

2.1.5. Empleo de la energía eléctrica

La energía eléctrica tiene múltiples aplicaciones en todos los ámbitos, desde domésticos a industriales y terciarios.

Sin la electricidad, no sería posible el grado de desarrollo y modernidad con los que hoy nos beneficiamos y disfrutamos. Electrodomésticos, comunicaciones, transportes, iluminación, gestión, industria, bienestar y salud, deportes, ocio, agricultura, explotaciones ganaderas, todo el desarrollo en general y los grandes avances tecnológicos.

La energía eléctrica que proviene de otras energías puede transformarse, a su vez, en otras formas de energía[1], como son:

- Luminosa, para el alumbrado y señalización.
- Calorífica.
- Química para diferentes procesos.
- Energía mecánica.
- Procesos de electrólisis.
- Movimientos y accionamientos diversos.
- Generación de campos magnéticos.
- Señales de comunicación.
- Otras muchas aplicaciones.

2.1.6. Física eléctrica aplicada

Fórmulas y datos de interés para el electricista que estudia esta tecnología, para circuitos conectados a baja tensión.

1. Ley de Ohm

Magnitudes	1. Tensión (*U*)	2. Intensidad (*I*)	3. Resistencia (*R*)
Fórmulas	$U = R \cdot I$ (V)	$I = \frac{U}{R}$ (A)	$R = \frac{U}{I}$ (Ω)
Unidades	Voltio (V)	Amperio (A)	Ohmio (Ω)

2. Potencia eléctrica

a) En circuitos de corriente continua (CC)

Los circuitos de CC solo tienen potencia activa.

$$P = U \cdot I \text{ (W)}$$

$$P = R \cdot I^2 \text{ (W)}$$

$$P = \frac{U^2}{R} \text{ (W)}$$

[1] Cuantas más transformaciones se hagan, mayor será la pérdida.

b) En circuito monofásico de CA

- **En circuito no inductivo:**

Las mismas fórmulas que para circuitos de corriente continua.

Solamente potencia activa (P), en vatios (W).

- **En circuitos inductivos:**

Potencia	1. Potencia activa (P)	2. Potencia reactiva (P_x)	3. Potencia aparente (P_z)
Fórmulas	$P = U \cdot I \cdot \cos \varphi$	$P_x = U \cdot I \cdot \text{sen } \varphi$	$P_z = U \cdot I$
Unidades	Vatio (W)	Voltiamperio reactivo (VAr)	Voltiamperio (VA)

c) En un circuito trifásico de CA

- **En circuito no inductivo:**

Solamente potencia activa (P) en vatios (W) o en kilovatios (kW)

$$P = \sqrt{3} \cdot U \cdot I \text{ (W)}$$

$$P_1 = \frac{\sqrt{3} \cdot U \cdot I}{1000} \text{ (kW)}$$

- **En circuitos inductivos:**

Potencia	1. Potencia activa (P)	2. Potencia reactiva(P_x)	3. Potencia aparente (P_z)
Fórmulas	$P = \sqrt{3} \cdot U \cdot I \cdot \cos \varphi$	$P_x = \sqrt{3} \cdot U \cdot I \cdot \text{sen } \varphi$	$P_z = \sqrt{3} \cdot U \cdot I$
Unidades	Vatio (W)	Voltiamperio reactivo (VAr)	Voltiamperio (VA)

3. Energía eléctrica

a) En circuitos de corriente continua (CC)

Solamente energía activa (E), en kilovatios-hora (kWh).

$$E = \frac{U \cdot I}{1000} \cdot h \text{ (kWh)}$$

b) En un circuito monofásico de CA

- **En circuito no inductivo:**

Las mismas fórmulas que para circuitos de corriente continua.

Solamente energía activa (P), en kilovatios-hora (kWh).

- **En circuitos inductivos:**

Energía	1. Energía activa (E)	2. Energía reactiva (E_x)	3. Energía aparente (E_z)
Fórmulas	$E=\dfrac{U \cdot I \cdot \cos\varphi}{1000} \cdot h$	$E_x=\dfrac{U \cdot I \cdot \operatorname{sen}\varphi}{1000} \cdot h$	$E_z=\dfrac{U \cdot I}{1000} \cdot h$
Unidades	Kilovatio-hora (kWh)	Kilovoltamperio reactivo-hora (kVAr)	Kilovoltamperio-hora (kVA)

c) En un circuito trifásico de CA

- **En circuito no inductivo:**

Solamente energía activa (E) en kilovatios-hora (kWh)

$$E=\frac{\sqrt{3} \cdot U \cdot I}{1000} \cdot \text{h (kWh)}$$

- **En circuitos inductivos:**

Energía	1. Energía activa (E)	2. Energía reactiva (E_x)	3. Energía aparente (E_z)
Fórmulas	$E=\dfrac{\sqrt{3} \cdot U \cdot I \cdot \cos\varphi}{1000} \cdot h$	$E_x=\dfrac{\sqrt{3} \cdot U \cdot I \cdot \operatorname{sen}\varphi}{1000} \cdot h$	$E_z=\dfrac{\sqrt{3} \cdot U \cdot I}{1000} \cdot h$
Unidades	Kilovatio-hora (kWh)	Kilovoltamperio reactivo-hora (kVAr)	Kilovoltamperio-hora (kVA)

Nota: la unidad de energía es el julio (J), pero al ser muy pequeña se utiliza el kilovatio-hora (kWh). (1 kWh = 3 600 000 J).

4. Resistencias eléctricas

La resistencia eléctrica es un parámetro muy importante que tener en cuenta en los conductores, contactos, puesta a tierra, etcétera.

Se entiende como resistencia eléctrica, a la dificultad ofrecida por un conductor al paso de la corriente eléctrica.

La resistencia de los conductores da lugar a:

- Caída de tensión en las redes eléctricas.

- Calentamiento en los conductores eléctricos (efecto Joule) que repercute en:
  - Incremento de la resistencia.
  - Generación de calor.

a) Resistencia en un conductor (*Rc*)

$$Rc = \rho \frac{L}{S} \; (\Omega)$$

L – Longitud, en metros (m).

S – Sección, en mm^2.

ρ – Coeficiente de resistividad (Tabla 2.2).

b) Resistividad de conductores

La resistividad corresponde a la resistencia específica de cada material conductor.

Hay buenos y malos conductores de la electricidad. A los buenos conductores pertenecen el cobre, aluminio, almelec y otros, mientras que en el grupo de los malos conductores (aislantes) están los plásticos en general.

Tabla 2.2. Coeficiente de resistividad de diferentes materiales conductores (ρ)

Material conductor	Resistividad (ρ), en $\Omega \cdot mm^2/m$
Cobre	0,0172
Aluminio	0,028
Almelec	0,032
Hierro	0,098
Níquel	0,078
Plata	0,0167
Carbón	0,400

c) Conductividad (λ)

La conductividad de un conductor corresponde a la inversa de la resistividad.

$$\lambda = \frac{1}{\rho} \; (m/\Omega \cdot mm^2)$$

Tabla 2.3. Conductividad (λ) de diferentes materiales a temperaturas de 20 °C, 70 °C y 90 °C

Temperatura	Cobre	Aluminio	Almelec
a 20 °C	56	35	32
a 70 °C	48	30	26
a 90 °C	44	28	24

d) Acoplamiento de resistencias

Varias son las formas de conexión o acoplamiento de las resistencias en los circuitos, como: serie, paralelo, derivación, mixto.

1. Acoplamiento serie

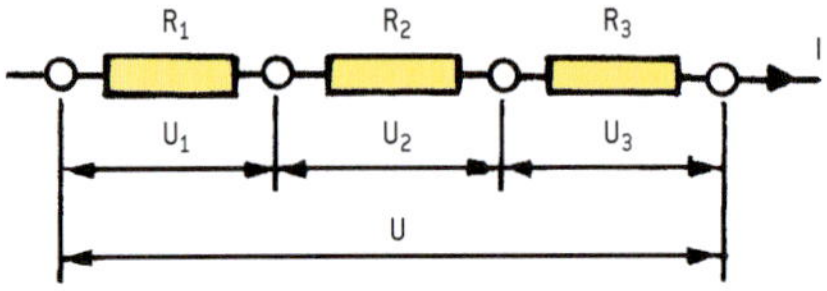

Figura 2.6. Acoplamiento serie de resistencias.

Resistencia total (R_T)

$$R = R_1 + R_2 + R_3 + \cdots \ (\Omega)$$

Características de este acoplamiento:

- Una sola intensidad.
- Tantas tensiones parciales como resistencias acopladas en serie.

2. Acoplamiento paralelo

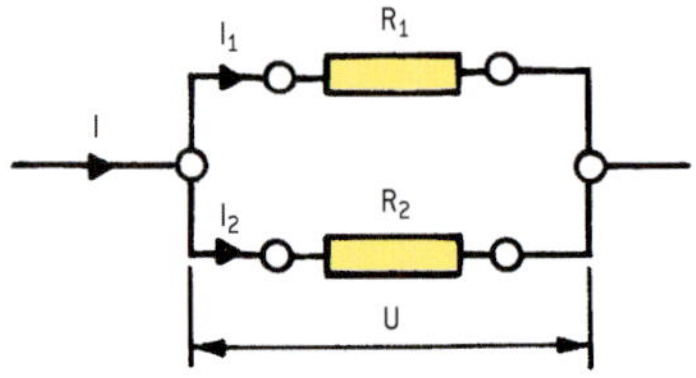

Figura 2.7. Acoplamiento paralelo de resistencias.

Resistencia total (R_T)

$$R_T = \frac{R_1 \cdot R_2}{R_1 + R_2} \ (\Omega)$$

Características de este acoplamiento:

- Una sola tensión.
- Tantas intensidades como resistencias acopladas en paralelo.

3. Acoplamiento derivación

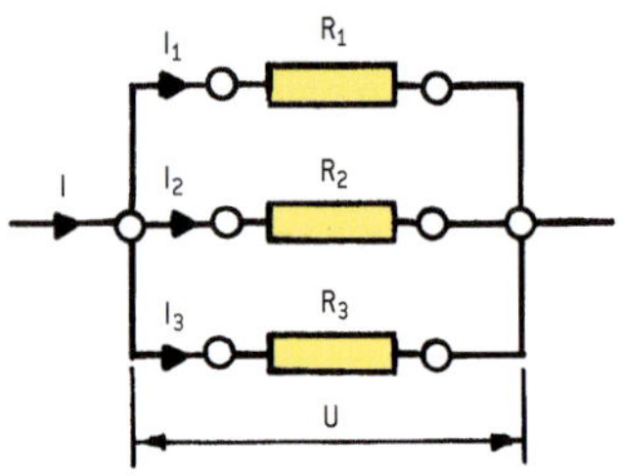

Figura 2.8. Acoplamiento derivación de resistencias.

Resistencia total (R_T)

$$R_T = \frac{1}{\frac{1}{R_1} + \frac{1}{R_2} + \frac{1}{R_3} + \ldots} \ (\Omega)$$

Características de este acoplamiento:

- Una sola tensión.
- Tantas intensidades parciales como resistencias acopladas en derivación.

4. Acoplamiento mixto

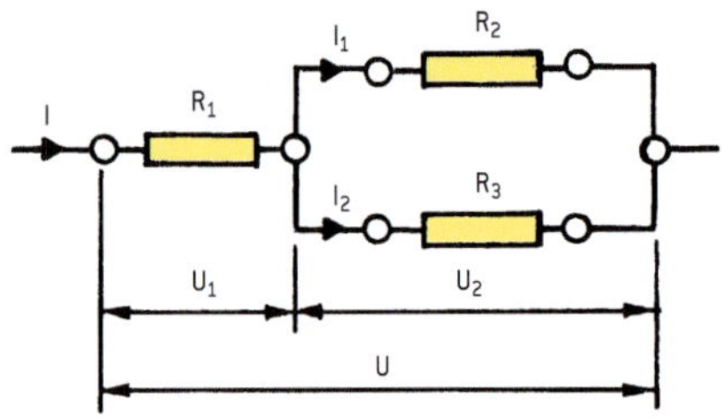

Figura 2.9. Acoplamiento mixto de resistencias.

Resistencia total (R_T)

$$R_T = R_1 + \frac{R_2 \cdot R_3}{R_2 + R_3} \ (\Omega)$$

Características de este acoplamiento:

- Dos tensiones parciales.
- Tres intensidades. Una total y dos parciales.

e) Aplicación de las resistencias eléctricas para producir calor

Las resistencias fabricadas con materiales especiales se emplean para producir calor y poder calentar agua en termos, y en las instalaciones solares térmicas, como fuente de apoyo, cuando la energía aprovechada es insuficiente para elevar la temperatura del agua a los niveles necesarios.

- **Ejemplo de cálculo de la energía calorífica proporcionada por una resistencia**

Conociendo que la potencia de la resistencia es de 2,5 kW y está conectada durante 2 h.

– Potencia calorífica (Pc)

$$Pc = 0{,}24 \cdot P \cdot t = 0{,}24 \times 2500 \times 7200 = 4\,320\,000 \text{ cal} = 4320 \text{ kcal}$$

$$2{,}5 \text{ kW} = 2500 \text{ W}$$

$$2 \text{ h} = 60 \times 60 \times 2 = 7200 \text{ s}$$

Suponiendo que el termo tenga una capacidad de 100 litros de agua y que la temperatura estuviera a 25 ºC, determinar la temperatura final a la que llegará el agua del termo con la potencia calorífica aportada (4320 kcal).

Para subir un grado 100 litros = 100 kg, se necesita: 100 kcal (1 kcal por kg).

$$Pc = \frac{4320}{100} = 43{,}20 \text{ ºC}$$

$$Tf = t + T = 25 + 43{,}20 = 68{,}20 \text{ ºC}$$

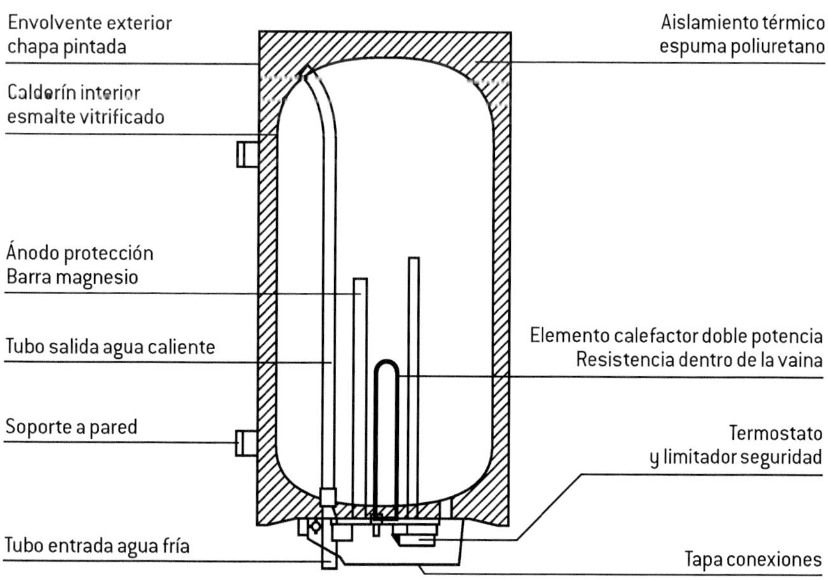

Figura 2.10. Termo que calienta agua mediante una resistencia calefactora.

Nota: cuando no se alcance la temperatura demandada en la instalación de captación solar, puede ayudarse de resistencias calefactoras, por procedimiento similar al del termo, para calentar el agua.

5. Capacidad (*C*)

Aptitud que tienen dos conductores separados por un aislante para almacenar cargas eléctricas.

Unidades de capacidad

Faradio (F). Unidad con valor muy elevado.

Microfaradio (mF) .... 0,000001 F

Picofaradio (pF) .... 0,000000001 F

Nanofaradio (nF) .... 0,000000000001 F

Conexión de condensadores

1. Conexión serie	2. Conexión derivación
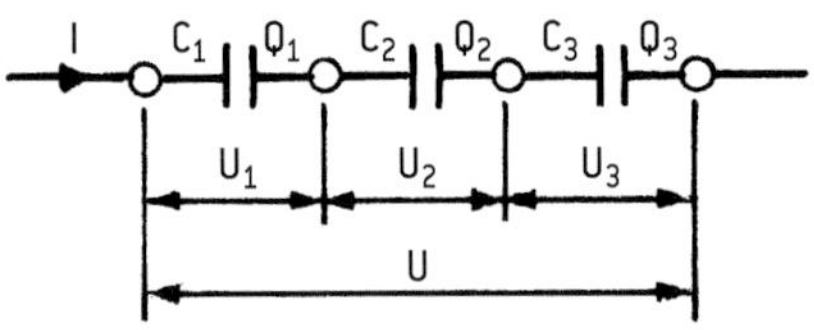 **Figura 2.11.** Acoplamiento serie de condensadores.	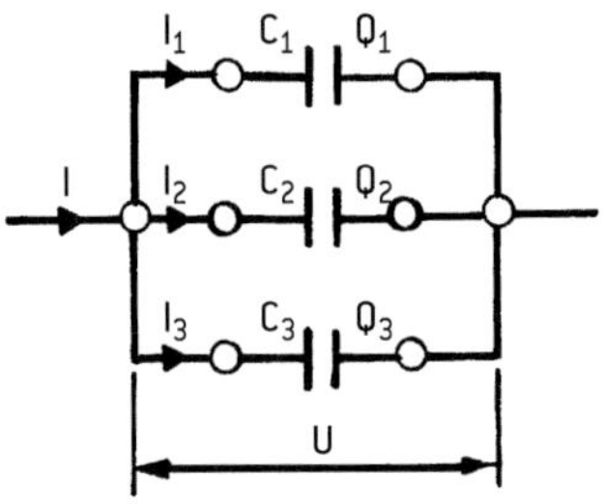 **Figura 2.12.** Acoplamiento derivación de condensadores.
Capacidad (*C*) $C = \dfrac{1}{\dfrac{1}{C_1} + \dfrac{1}{C_2} + \dfrac{1}{C_3} + \dots}$ (F)	**Capacidad (*C*)** $C = C_1 + C_2 + C_3 + \cdots$ (F)
Cantidad de electricidad (*Q*) $Q = Q_1 = Q_2 = Q_3 = \cdots$	**Cantidad de electricidad (*Q*)** $Q = Q_1 + Q_2 + Q_3 + \cdots$

6. Pilas y acumuladores eléctricos

La finalidad de estos acoplamientos es la de obtener unos determinados valores de tensión e intensidad atendiendo a la demanda de los circuitos de utilización.

Podemos encontrar acoplamientos serie, derivación o mixtos.

➤ Acoplamiento de pilas y baterías

<table>
<tr><th>1. Acoplamiento serie</th><th>2. Acoplamiento derivación</th></tr>
<tr><td>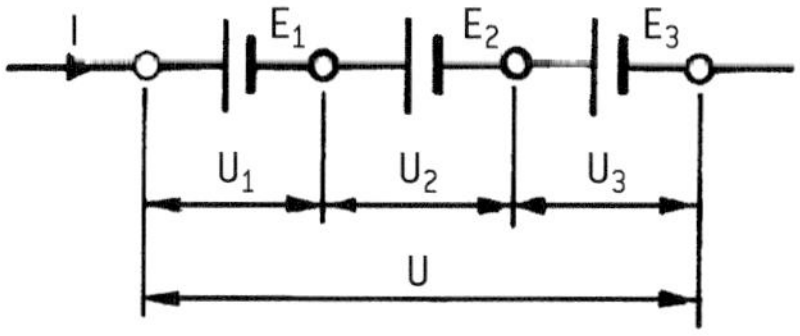

Figura 2.13. Acoplamiento serie de pilas.</td><td>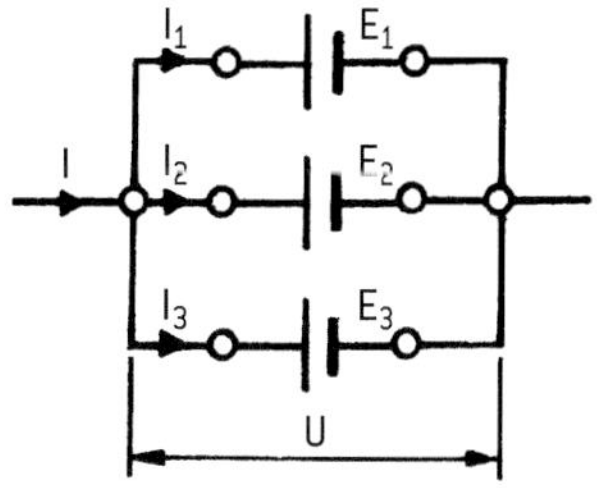

Figura 2.14. Acoplamiento derivación de pilas.</td></tr>
<tr><td>Tensión (E)
$E = E_1 + E_2 + E_3 + \cdots$ (V)
$I = I_1 = I_2 = I_3 = \cdots$ (A)</td><td>Tensión (E) e intensidad (I)
$E = E_1 = E_2 = \cdots$ (V)
$I = I_1 + I_2 + I_3 + \cdots$ (A)</td></tr>
<tr><td>Características de este acoplamiento:
• Aumentar la tensión y mantener la intensidad.</td><td>Características de este acoplamiento:
• Mantener la tensión y aumentar la intensidad.</td></tr>
<tr><th colspan="2">3. Acoplamiento mixto</th></tr>
<tr><td colspan="2">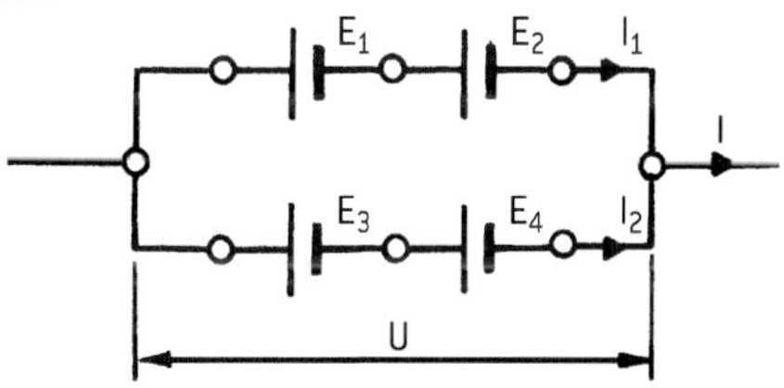

Figura 2.15. Acoplamiento mixto de pilas.</td></tr>
<tr><td colspan="2">Tensión (E) e intensidad (I)
$E = E_1 + E_2 + E_3 + \cdots$ (V)
$I = I_1 + I_2 + I_3 + \cdots$ (A)</td></tr>
<tr><td colspan="2">Características de este acoplamiento:
• Aumentar la tensión y la intensidad.</td></tr>
</table>

7. Efecto Joule

La ley de Joule indica, que cuando pasa una corriente eléctrica por un conductor se produce un calentamiento del mismo por efecto de la resistencia que ofrece al paso de dicha corriente.

➤ a) Incremento de la resistencia con la temperatura

El paso de la electricidad por los conductores produce un calentamiento en los mismos, así como incremento de su resistencia y temperatura.

Este efecto tiene su repercusión en:

- Caídas de tensión en las líneas eléctricas.
- Generación de calor, especialmente, cuando se utilizan conductores de resistencia especial con el fin de generar calor.

b) Resistencia total de un conductor en función de la temperatura

$$R_T = R_{20}\,[1 + \alpha\,(t - 20)]\ (\Omega)$$

R_{20} – Resistencia a 20 °C. Temperatura inicial considerada.

α – Coeficiente de incremento de la resistencia con la temperatura por cada grado.

t – Temperatura final, en °C.

Tabla 2.4. Valores del coeficiente de incremento de la resistencia con la temperatura

Materiales	Coeficiente de temperatura (α)
Aluminio	0,0037
Almelec	0,0037
Cobre	0,0039
Hierro	0,0047
Plata	0,0037

c) Cantidad de calor producida por la corriente eléctrica

Conceptos básicos iniciales:

1 julio (J) genera 0,24 calorías (cal).

1 kWh equivale a: 1000 W × 3600 s = 3 600 000 J.

1 kWh equivale a: 3 600 000 J × 0,24 cal = 860 000 cal = 860 kcal.

c1) En circuitos monofásicos

$$Q = 0{,}24\,P \cdot t\ \text{(cal)}$$

t – Tiempo, en segundos (s).

$$Q = 0{,}24\,U \cdot I \cdot t\ \text{(cal)}$$

$$Q = 0{,}24\,R \cdot I^2 \cdot t\ \text{(cal)}$$

$$Q = 0{,}24\,\frac{U^2}{R}\,t\ \text{(cal)}$$

$$1\ \text{kcal} = 1000\ \text{cal}$$

c2) En circuitos trifásicos

$$Q = 0{,}24\sqrt{3} \cdot U \cdot I \cdot t \text{ (cal)}$$

t – Tiempo, en segundos (s).

$$Q_1 = 0{,}24 \frac{\sqrt{3} \cdot U \cdot I}{1000} t \text{ (kcal)}$$

8. Otras fórmulas útiles

➤ a) Reactancia de autoinducción (X_L)

$$X_L = 2\pi \cdot f \cdot L \ (\Omega)$$

f – Frecuencia, en hercios (Hz).

L – Coeficiente de autoinducción, en henrios (H).

➤ b) Reactancia de capacidad (X_C)

$$X_C = \frac{1}{2\pi \cdot f \cdot C} \ (\Omega)$$

f – Frecuencia, en hercios (Hz).

C – Valor de la capacidad, en faradios (F).

➤ c) Frecuencia (f)

$$f = \frac{1}{t} \text{ ciclos/segundo (c/s)}$$

Unidad: hercio (Hz).

En los circuitos eléctricos normales, la frecuencia es de 50 Hz.

➤ d) Factor de potencia ($\cos \varphi$)

$\cos \varphi$ = valor que corresponde al coseno del ángulo de desfase entre la tensión y la intensidad (ángulo φ).

Cuanto más próximo esté a la unidad (1), mejor será el factor de potencia, lo que repercute en menor consumo de energía y menor coste de la factura eléctrica.

e) Potencia absorbida de la red por un motor (*Pa*)

$$Pa = \frac{\sqrt{3} \cdot U \cdot I \cdot \cos\varphi}{1000} \text{ (kW)}$$

f) Potencia útil suministrada por el motor (*Pu*)

$$Pu = \frac{\sqrt{3} \cdot U \cdot I \cdot \cos\varphi}{1000} \cdot \eta \text{ (kW)}$$

η – Rendimiento del motor.

g) Rendimiento (η)

$$\eta = \frac{Pu}{Pa} \qquad \eta = \frac{Pu}{Pa} \cdot 100 \text{ (\%)}$$

h) Par cedido por el motor (*Mm*)

$$Mm = \frac{9550 \cdot P}{n} \text{ (Nm)}$$

P – Potencia, en kW.

n – Velocidad de rotación, en r. p. m.

Nm – Par motor, en newton metro.

i) Potencia motriz necesaria (*P*)

$$P = \frac{Mm \cdot n}{9550} \text{ (kW)}$$

j) Equivalencias

1 kW = 1000 W	1 CV = 736 W	1 J = 1 W · 1 s
1 kW = 1,36 CV	1 HP = 746 W	
1 kWh = 860 kcal	J = 0,24 cal	

2.2. SIMBOLOGÍA ELÉCTRICA BÁSICA

Los esquemas se representan con símbolos que están normalizados. Nos ayudan a representar conductores, aparatos y funciones que se realizan en los circuitos. Su conocimiento es imprescindible para poder interpretar los esquemas eléctricos. En la Tabla 2.5 se presentan los símbolos más representativos y que se aplican en esta obra.

Tabla 2.5. Símbolos eléctricos de diferentes elementos de la generación, transporte, distribución y aparamenta eléctrica

Símbolos	Denominación	Símbolos	Denominación
∼	Corriente alterna (CA).	⎓	Corriente continua (CC).
	Corriente alterna y corriente continua.	+	Polo positivo.
CA o AC	Denominación de la corriente alterna en español e inglés.	−	Polo negativo.
	Generador de corriente alterna.	CC o DC	Denominación de la corriente continua en español e inglés.
	Conductor.		Generador de corriente continua.
	Conductor neutro (N).	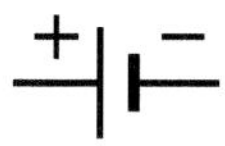	Pila o batería.
	Conductor de protección (PE).	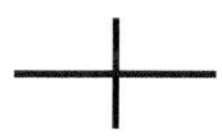	Cruce de conductores sin contacto.
	Línea con tres conductores, una forma de representación.		Cruce de conductores con contacto.
	Línea con tres conductores.		Conductor blindado.
	Conductor móvil.	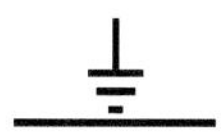	Tierra.
	Línea subterránea.		Masa.
	Línea bajo enlucido.	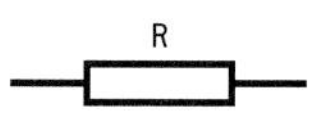	Resistencia óhmica.
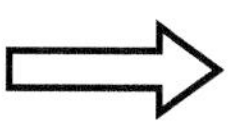	Bus de líneas.		Bobina (inductancia).
	Interruptor.		Diodo semiconductor.

Símbolos	Denominación	Símbolos	Denominación
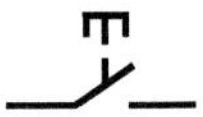	Pulsador a la conexión.	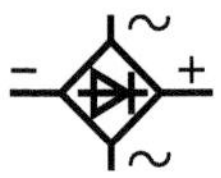	Rectificador tipo puente.
	Pulsador a la desconexión.	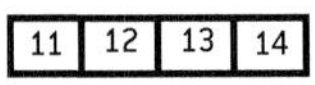	Puente de bornes.
	Lámpara.	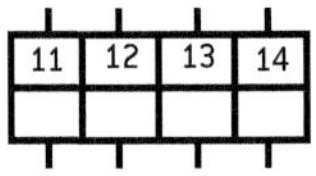	Regleta de bornes.
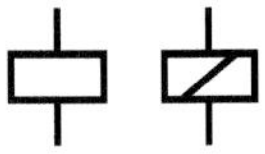	Electroimán. Órgano de mando.		Transformador monofásico.
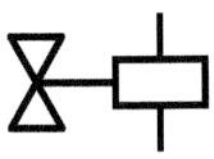	Válvula. Electroválvula.		Resistencia cuyos valores están en función de la temperatura (NTC o PTC).

A lo largo de este capítulo vamos a estudiar muchos más símbolos que complementan a los estudiados en la Tabla 2.5.

2.3. ESQUEMAS ELÉCTRICOS

Los esquemas eléctricos se representan utilizando símbolos como los que se estudian en la Tabla 2.5, y otros. Vamos a considerar tres tipos de esquemas en función a su contenido y que son:

Supongamos que tenemos que representar el circuito de un contactor con pilotado desde una caja de pulsadores (marcha/paro) con sus elementos de protección (fusibles y relé térmico). En este caso podemos representar tres esquemas, que son:

a) Esquema de maniobra

Corresponde a los elementos de maniobra del electroimán del contactor o bobina y los conductores que lo alimentan.

Se representa en trazo fino porque por estos elementos circula una pequeña corriente.

b) Esquema de potencia

Corresponde a la parte de circuito (conductores y contactos) por el que pasa la corriente que alimenta al receptor, en este caso un motor. Se representa en trazo grueso.

➤ c) Esquema general de conexiones

Reúne en un mismo esquema los esquemas de maniobra y de potencia. Se representa este esquema cuando se trata de circuitos simples, con pocos elementos, ya que resulta difícil de seguir cuando es complejo.

La Figura 2.16 representa los tres tipos de esquemas aplicando este criterio.

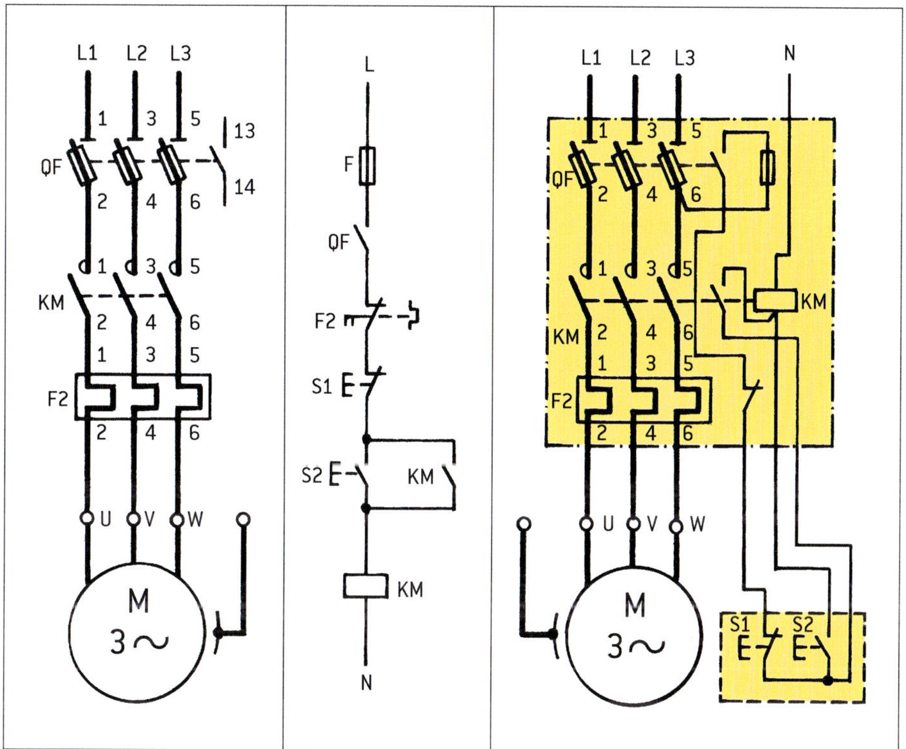

a) Esquema de potencia	b) Esquema de maniobra	c) Esquema general de conexiones

Figura 2.16. Representación de los esquemas de maniobra, potencia y general de conexiones.

Muchos circuitos solo tienen una sola representación a cuyo esquema denominamos esquema general de un determinado circuito.

2.3.1. Esquemas hidráulicos

Dado que tratamos de automatizar (electrificar) instalaciones solares térmicas (circuitos hidráulicos), es necesario que sepamos interpretar estos esquemas. En este curso vamos a estudiar muchos de estos circuitos.

Tabla 2.6. Representación de los principales símbolos utilizados en instalaciones solares térmicas

Símbolo	Denominación	Símbolo	Denominación	Símbolo	Denominación
	Válvula de cierre. Accionamiento manual.	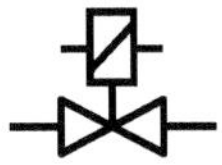	Válvula pilotada eléctricamente.		Válvula de 3 vías.
	Válvula de equilibrado.		Filtro.		Válvulas de retención.
	Regulador de presión.		Purgador de aire.	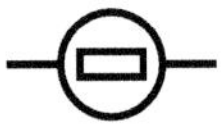	Contador de agua.
	Válvula de seguridad.		Desagüe conducido.		Vaso de expansión cerrado.
	Termómetro.		Manómetro.	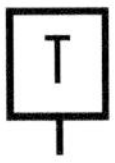	Sonda de temperatura.
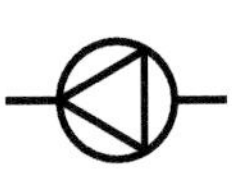	Bomba circuladora.	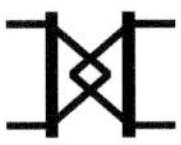	Intercambiador de calor.	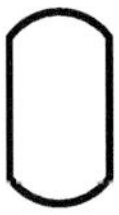	Depósito. Acumulador.
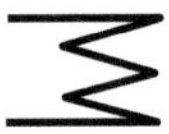	Serpentín. Intercambiador.		Motor eléctrico.	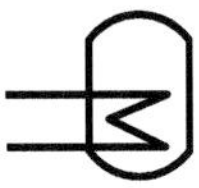	Acumulador-intercambiador.

La Figura 2.17 muestra el esquema de una instalación solar térmica con sus elementos principales incluyendo los captores y accionadores eléctricos.

El circuito primario tiene tres captadores de calor solar, bomba de circulación, sondas de temperatura, válvulas y otros dispositivos. El depósito es a la vez acumulador e intercambiador de calor por el serpentín, que cede el calor captado del Sol al agua proveniente de la red (AFS).

El circuito secundario suministra agua caliente sanitaria (ACS) con la posibilidad de un apoyo externo.

El circuito que suministra agua fría sanitaria (AFS) pasa por diferentes elementos de medida y regulación.

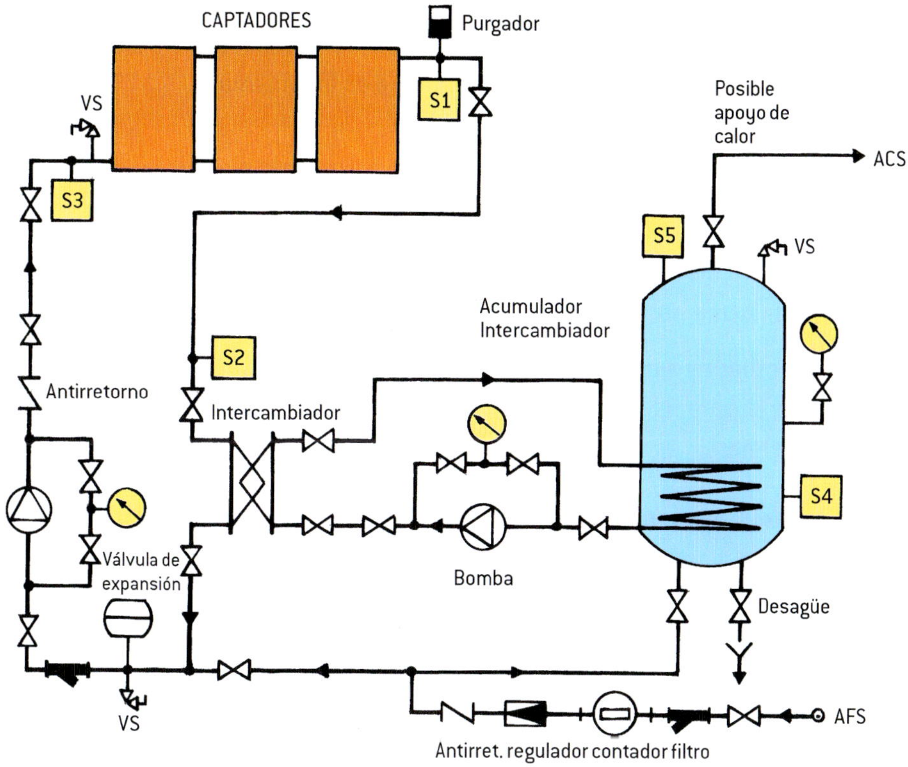

Figura 2.17. Instalación hidráulica térmica solar.

2.4. CLASIFICACIÓN DE INSTALACIONES DE SUMINISTRO DE ENERGÍA ELÉCTRICA

Existen diversas formas de suministro de la energía eléctrica, tal como vamos a ver a continuación, aunque las instalaciones pequeñas y medianas se limitan a algunos de los suministros que se recogen en la Figura 2.23 y que provienen de un suministro tipo TT.

2.4.1. Instalaciones de servicio público y privado

Las instalaciones de servicio público o privado cuya finalidad sea la distribución de energía eléctrica, se definirán por:

a) Por los valores de la tensión entre fase o conductor polar y tierra, y entre dos conductores de fase o polares, para las instalaciones unidas directamente a tierra.

b) Por el valor de la tensión entre dos conductores de fase o polares, para las instalaciones no unidas directamente a tierra.

c) Las intensidades de la corriente eléctrica admisibles en los conductores se regulan en función de las condiciones técnicas de las redes de distribución y de los sistemas de protección empleados en las mismas.

2.4.2. Tipos de suministro

A efectos del REBT, los suministros se clasifican en normales y complementarios.

a) Suministros normales

Son los efectuados a cada abonado por una sola empresa distribuidora por la totalidad de la potencia contratada por el mismo y con un solo punto de entrega de la energía.

b) Suministros complementarios o de seguridad

Son los que, a efectos de seguridad o continuidad de suministro, complementan a un suministro normal. Estos suministros podrán realizarse por dos empresas diferentes o por la misma empresa, cuando se disponga, en el lugar de la utilización de la energía, de medios de transporte y distribución independientes, o por el usuario mediante medios de producción propios. Se considera suministro complementario aquel que, aun partiendo del mismo transformador, dispone de línea de distribución independiente del suministro normal desde su mismo origen en baja tensión. Se clasifican en suministro de ***socorro***, suministro de ***reserva*** y suministro ***duplicado***.

2.4.3. Esquemas de distribución de la energía eléctrica

La instrucción ITC-BT-08 define los sistemas de conexión del neutro y de las masas en redes de distribución de la energía eléctrica.

Los esquemas de distribución se establecen en función de las conexiones a tierra de la red de distribución o de la alimentación, por un lado, y de las masas de la instalación receptora, por otro.

La denominación se realiza con un código de letras, cuyo significado es el siguiente:

Primera letra: situación de la alimentación con respecto a tierra	
T	Conexión directa de un punto de la alimentación a tierra.
I	Aislamiento de todas las partes activas de la alimentación con respecto a tierra o conexión de un punto a tierra a través de una impedancia.

Segunda letra: situación de las masas de la instalación receptora con respecto a tierra	
T	Masas conectadas directamente a tierra, independientemente de la eventual puesta a tierra de la alimentación.
N	Masas conectadas directamente al punto de alimentación puesto a tierra (en corriente alterna, este punto es normalmente el punto neutro).

Otras letras (eventuales): se refieren a la situación relativa del conductor neutro y del conductor de protección	
S	Las funciones del neutro y de protección están aseguradas por conductores separados.
C	Las funciones de neutro y de protección están combinadas en un solo conductor (conductor CPN o PEN).

➤ Esquema TN

Los esquemas TN tienen un punto de alimentación, generalmente el neutro o compensador, conectado directamente a tierra y las masas de la instalación receptora conectadas a dicho punto mediante conductores de protección.

Tres tipos de esquemas según sea la disposición del conductor neutro (N) y el conductor de protección (PE).

a) Esquema TN-S

El conductor neutro y el conductor de protección son distintos en todo el esquema.

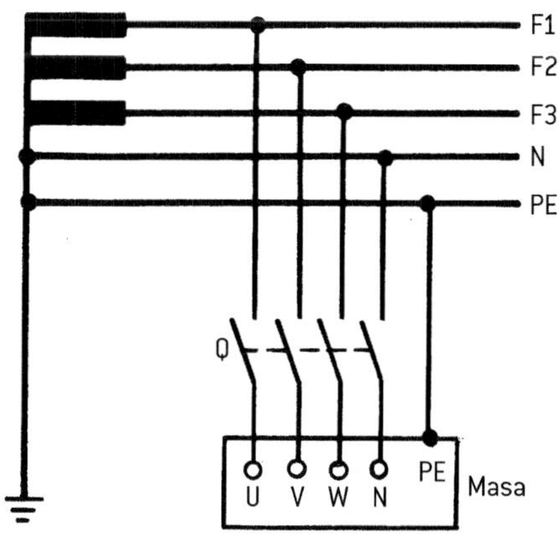

Figura 2.18. Esquema de distribución TN-S.

b) Esquema TN-C

Las funciones de neutro y protección están combinadas en un solo conductor en todo el esquema.

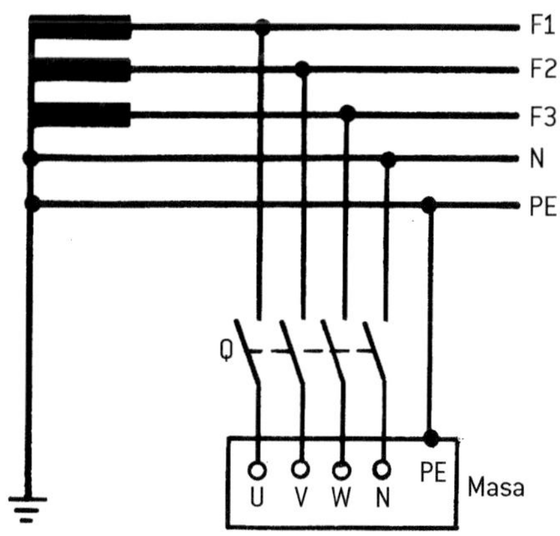

Figura 2.19. Esquema de distribución TN-C.

e) Esquema TN-C-S

Las funciones de neutro y protección están combinadas en un solo conductor en una parte del esquema.

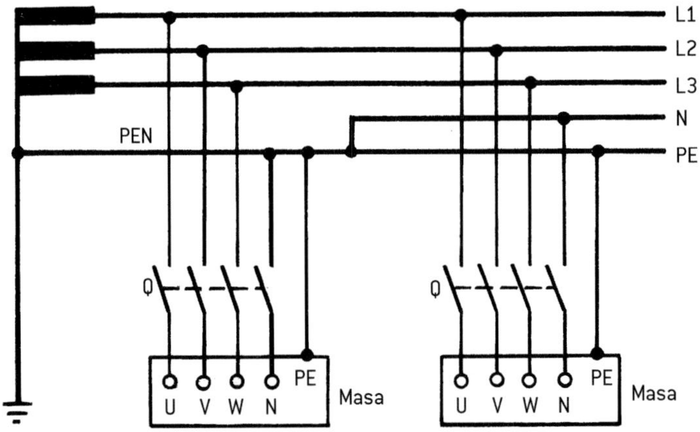

Figura 2.20. Esquema de distribución TN-C-S.

f) Esquema TT

Tiene un punto de alimentación, generalmente el neutro o compensador, conectado directamente a tierra.
Las masas de la instalación receptora están conectadas a una toma de tierra de la alimentación.

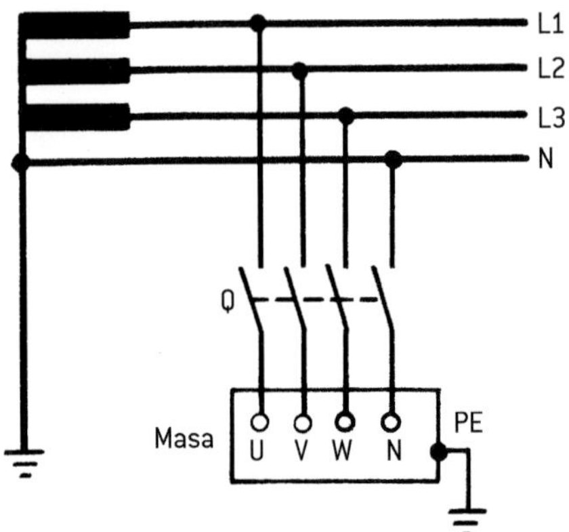

Figura 2.21. Esquema de distribución TT.

g) Esquema IT

Este esquema no tiene ningún punto de alimentación conectado directamente a tierra. Las masas de la instalación receptora están puestas directamente a tierra.

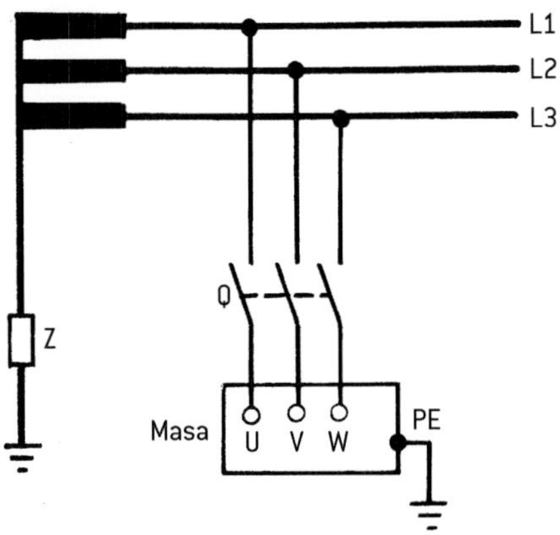

Figura 2.22. Esquema de distribución IT.

Observaciones

Las redes de distribución pública de baja tensión tienen un punto puesto directamente a tierra por prescripción reglamentaria. Este punto es el punto neutro de la red.

El esquema de distribución para instalaciones receptoras alimentadas directamente de una red de distribución pública de baja tensión es el esquema TT.

También puede establecerse un esquema IT en parte o partes de una instalación alimentada directamente de una red de distribución pública, mediante el uso de transformadores adecuados.

Si la instalación parte de un centro de transformación de abonado, se podrá elegir cualquiera de los tres esquemas (TN, TT o IT).

2.4.4. Perturbaciones en las redes

Según el artículo 5 del REBT, las instalaciones de baja tensión que pudieran producir perturbaciones sobre las telecomunicaciones, las redes de distribución de energía o los receptores, deberán estar dotadas de los adecuados dispositivos protectores, según se establece en las disposiciones vigentes relativas a esta materia.

2.4.5. Esquemas de distribución a nivel del usuario

A nivel de usuario nos encontramos con redes o líneas eléctricas como las que se recogen en la Figura 2.23.

1. Línea trifásica con neutro y conductor de protección	**2. Línea trifásica con conductor de protección**
L1 L2 L3 N PE	L1 L2 L3 PE
3. Línea trifásica (sin neutro, ni conductor de protección)	**4. Línea monofásica con fase, neutro y conductor de protección**
L1 L2 L3	L N PE

Figura 2.23. Formas en que se distribuyen las líneas eléctricas a nivel del usuario.

Nota: el conductor de protección (PE) no lo suministra la compañía eléctrica desde la red, se acondiciona en la propia instalación (local, fábrica, bloque de viviendas, etcétera).

2.5. ACOMETIDAS Y CUADROS DE PROTECCIÓN GENERAL

Acometida. Parte de la instalación de la red de distribución, que alimenta la caja o cajas generales de protección o unidad funcional equivalente (CGP).

Cajas generales de protección. Son las cajas que alojan los elementos de protección de las líneas generales de alimentación.

Se instalarán preferentemente sobre las fachadas exteriores de los edificios, en lugares de libre y permanente acceso. Su situación se fijará de común acuerdo entre la propiedad y la empresa suministradora.

ITC-BT-13. Instalaciones de enlace. Caja general de protecciones.

2.5.1. Acometidas

Tres tipos de acometidas (Tabla 2.7) atendiendo al trazado, su sistema de instalación y a las características de la red.

Tabla 2.7. Tipo de acometida en función del sistema de instalación

Tipo	Sistema de instalación
Aéreas	Posada sobre fachada.
	Tensada sobre poste.
Subterráneas	Con entrada y salida.
	En derivación.
Mixtas	Aerosubterráneas.

Figura 2.24. Ejemplo de acometida de tipo subterránea en un edificio de viviendas con entrada y salida.

La instrucción ITC-BT-11 trata sobre redes de distribución de energía eléctrica y acometidas, y la ITC-BT-12 trata sobre los esquemas en instalaciones de enlace.

Las partes que constituyen las instalaciones de enlace son:

- **C**aja **G**eneral de **P**rotección (CGP).
- **L**ínea **G**eneral de **A**limentación (LGA).
- Elementos para la ubicación de **C**ontadores (CC).
- **D**erivación **I**ndividual (DI).
- Caja para **I**nterruptor de **C**ontrol de **P**otencia (ICP).
- **D**ispositivos **G**enerales de **M**ando y **P**rotección (DGMP).

Respecto a las acometidas subterráneas señala que este tipo de instalación, se realizará de acuerdo con lo indicado en la ITC-BT-07.

Los cables serán de tipo aislado 0,6/1 kV.

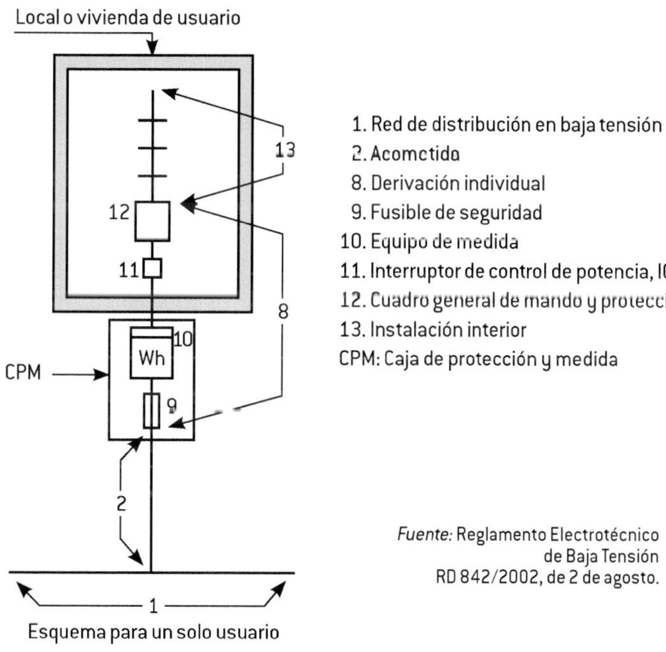

Figura 2.25. Acometida para un local o vivienda.

2.5.2. Cuadro de protección general (CPG)

Las cajas generales de protección alojan elementos de protección de las líneas generales de alimentación.

Las cajas generales de protección que utilizar corresponderán a uno de los tipos recogidos en las especificaciones técnicas de la empresa suministradora que hayan sido aprobadas por la Administración pública competente. Dentro de las mismas se instalarán cortocircuitos fusibles en todos los conductores de fase o polares, con poder de corte al menos igual a la corriente de cortocircuito prevista en el punto de su instalación. El neutro estará constituido por una conexión amovible situada a la izquierda de las fases, colocada la caja general de protección en posición de servicio, y dispondrá también de un borne de conexión para su puesta a tierra si procede.

Las cajas generales de protección cumplirán todo lo que sobre el particular se indica en la norma UNE-EN 60439-1, tendrán grado de inflamabilidad según se indica en la norma UNE-EN 60439-3, una vez instaladas tendrán un grado de protección IP 43 según norma UNE 20324 e IK 08 según UNE-EN 50102 y serán precintables.

Para el resto de características, véase la instrucción ITC-BT-13.

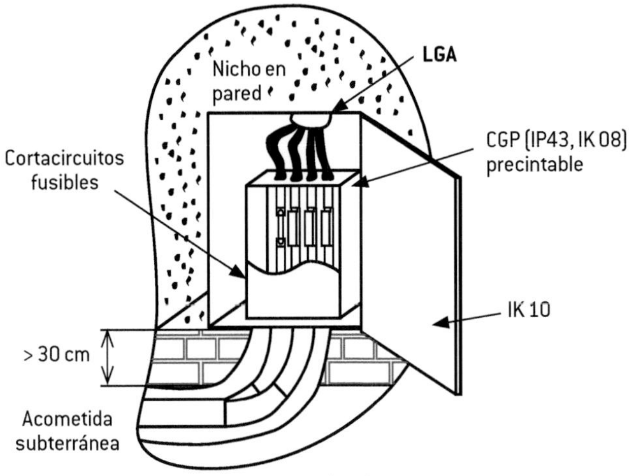

Figura 2.26. Acometida subterránea que suministra tres fases (tres fusibles) y neutro.

2.5.3. Inicio de instalaciones particulares

Las instalaciones individuales se inician por:

- Caja para **I**nterruptor de **C**ontrol de **P**otencia (ICP).
- **D**ispositivos **G**enerales de **M**ando y **P**rotección (DGMP).

Elementos que contiene el cuadro: ICP + IGP + ID + QF (PIA).

La Figura 2.28 muestra el esquema eléctrico correspondiente a los elementos contenidos en la figura anterior.

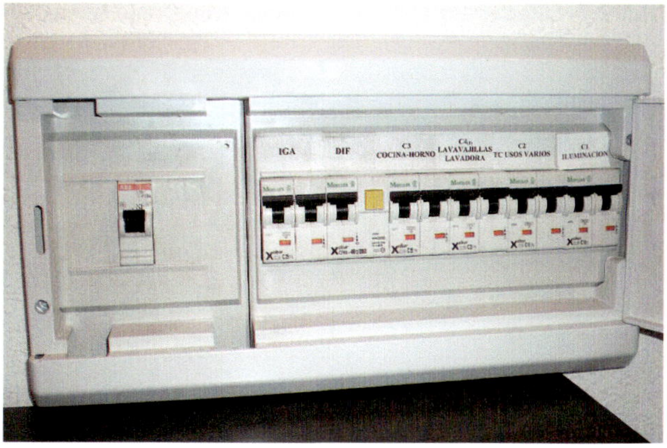

Figura 2.27. Caja con los dispositivos de control y protección.

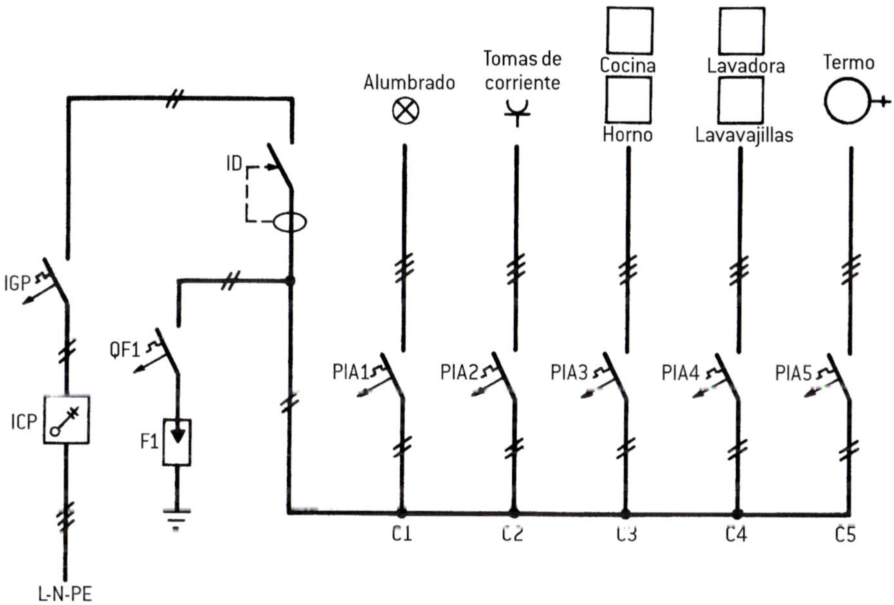

Figura 2.28. Esquema eléctrico unifilar a partir de la caja general de protección.

Elementos del esquema:

ICP – Interruptor de control de potencia.

IGP – Interruptor general de protección.

ID – Interruptor diferencial.

QF – Interruptor automático magnetotérmico.

PIA – Pequeño interruptor automático (magnetotérmico).

F1 – Descargador de sobretensiones.

Tabla 2.8. Características de los circuitos de una instalación doméstica

Circuito de utilización		Potencia prevista por toma W	Interruptor automático (PIA) A	N.º puntos de utilización o tomas por circuito	Sección mínima de los conductores mm^2	Diámetro del tubo o conducto mm	Tipo de toma de corriente
C1	Iluminación	200	10	30	1,5	16	Punto de luz
C2	Tomas de uso general	3450	16	20	2,5	20	Base 16 A (2p+T)
C3	Cocina y horno	5400	25	2	6	25	Base 25 A (2p+T)
C4	Lavadora, lavavajillas y termo eléctrico	3450	20	3	4	20	Base 16 A (2p+T)
C5	Baño y cuarto de cocina	3450	16	6	2,5	20	Base 16 A (2p+T)

2.6. PROTECCIONES

Las instalaciones eléctricas incorporan dispositivos de protección con diferentes finalidades como son:

a) Protección de los circuitos y receptores.

b) Protección de las personas.

2.6.1. Protección que aplicar en la alimentación de receptores

Los receptores estarán protegidos contra los siguientes incidentes o problemas:

- Contactos directos.
- Contactos indirectos.
- Corrientes derivadas a masa.
- Corrientes de sobreintensidad (sobrecargas).
- Corrientes de cortocircuito.
- Sobretensiones. Tensiones elevadas.
- Bajas tensiones de suministro.

- Desequilibrio entre fases.
- Falta de una fase.
- Otros problemas que proteger en función del receptor.

2.6.2. Análisis de los problemas

Los problemas que pueden darse en los circuitos eléctricos son varios y dependen de las circunstancias que se den en las instalaciones y entre los principales están los que se estudian a continuación.

1. Contactos directos

Contacto de personas o animales con partes activas de los materiales y equipos.

2. Contactos indirectos

Contacto de personas o animales domésticos con partes que se han puesto bajo tensión como resultado de un fallo de aislamiento.

3. Corrientes derivadas a masa

Se entiende como corriente de fuga en una instalación, a la corriente que, en ausencia de fallos, se transmite a tierra o a los elementos conductores del circuito.

Corriente de defecto o de falta, es la corriente que se debe a un defecto de aislamiento.

La corriente de choque o de contacto podría provocar efectos fisiopatológicos.

4. Corrientes de sobreintensidad (sobrecarga)

Las sobreintensidades son corrientes superiores a las nominales que se producen en un circuito, en ausencia de un fallo eléctrico (toda corriente superior a un valor asignado).

La norma UNE 20.460-4-43 en su apartado 433 trata sobre «Protección contra las corrientes de sobrecarga».

Las sobrecargas son debidas a:

- Solicitar mayor potencia al receptor, que la que constructivamente puede suministrar.
- Problemas de funcionamiento del receptor, como rozamientos, fallos mecánicos, atranques y otros problemas que pueden darse en el funcionamiento del receptor.

5. Corrientes de cortocircuito

Las intensidades de cortocircuito son sobreintensidades producidas por un fallo de impedancia despreciable, entre los conductores activos que presentan una diferencia de potencial en condiciones normales de servicio.

Se da una corriente de cortocircuito cuando la impedancia del conductor es muy pequeña (próxima a cero) como consecuencia de un defecto de aislamiento.

La norma UNE 20.460-4-43 en su apartado 434 trata sobre «Protección contra las corrientes de cortocircuito».

6. Sobretensiones

Tensión que sobrepasa el valor nominal de la tensión y que puede dar lugar a accidentes en los receptores sometidos a esta tensión.

Las sobretensiones tienen su origen en:

- Descargas atmosféricas.
- Conmutación de redes (conexión/desconexión).
- Proximidad a transformadores.
- Contacto con conductores de tensiones superiores.

7. Bajas tensiones de suministro

El funcionamiento de receptores a tensión inferior a la nominal que necesita (tensión asignada), da lugar a deficiencias en sus prestaciones y funcionamiento y también a posibles averías en los propios receptores.

Las bajas tensiones se deben principalmente a caídas de tensión en las líneas, por exceso de consumo en los receptores o conectar más receptores que los normalmente admisibles, y también a causa de tener líneas con conductores de sección inferior a la que precisarían.

8. Desequilibrio entre fases

Resulta muy importante que las redes estén lo más equilibradas que sea posible, especialmente cuando están a plena carga.

El equilibrio de las fases de la red no es fácil conseguirlo, cuando se conectan receptores monofásicos, a redes trifásicas con neutro. No vale conectar un receptor a cualquiera de las tres fases, se deberá consultar el esquema o medir el consumo por fase, para así conectarlo a la fase menos cargada.

El desequilibrio entre fases repercute en:

- Caídas de tensión en la red.
- Incorrecto suministro de corriente eléctrica al receptor, por desequilibrio de tensiones.
- Deficiente funcionamiento de los receptores.

9. Falta de una fase

Con la falta de una fase pueden funcionar algunos receptores que ya están en servicio (motores), pero tendrán un funcionamiento anormal y descompensado, que puede dar lugar a su avería, si no se desconectan rápidamente, cuando se da el caso de falta de una fase.

Las instalaciones que alimentan receptores dispondrán de dispositivos que las desconecten al faltar una fase del sistema trifásico.

10. Otros problemas de los que habrá que proteger a los receptores

En el mercado hay dispositivos de protección y, por tanto, se encuentran en algunas instalaciones, y están relacionados con los problemas anteriores y con otros, como:

- Fallos de aislamiento.
- Control del orden de suministro de las fases.
- Control de sobretemperatura en los receptores (termistores).
- Control de fugas de corriente por defectos de aislamiento.

2.7. TIPOS Y CARACTERÍSTICAS

Para proteger los circuitos de los problemas que se han enumerado en el apartado anterior, se utilizan diferentes dispositivos y entre los más importantes están:

2.7.1. Puestas a tierra de protección

Para que una instalación pueda estar protegida contra las fugas de corriente, también llamados contactos indirectos, como consecuencia del contacto de un conductor activo con las masas metálicas conductoras, será necesario que la instalación tenga conductor de protección (conductor con aislamiento verde-amarillo).

Los edificios de viviendas y también las viviendas unifamiliares se construirán teniendo en cuenta lo que se indica a continuación.

En toda nueva edificación se establecerá una toma de puesta a tierra de protección, según el siguiente sistema:

Instalando en el fondo de las zanjas de cimentación de los edificios, y antes de empezar esta, un cable rígido de cobre desnudo de una sección mínima, formando un anillo cerrado que interese a todo el perímetro del edificio. A este anillo deberán conectarse electrodos verticalmente hincados en el terreno cuando se prevea la necesidad de disminuir la resistencia de tierra que pueda presentar el conductor en anillo. Cuando se trate de construcciones que comprendan varios edificios próximos, se procurará unir entre sí los anillos que forman la toma de tierra de cada uno de ellos, con objeto de formar una malla de la mayor extensión posible.

En rehabilitación o reforma de edificios existentes, la toma de tierra se podrá realizar también situando en patios de luces o en jardines particulares del edificio uno o varios electrodos de características adecuadas.

A la instalación de toma de tierra se deberán conectar las partes metálicas de los depósitos de gasóleo, de las instalaciones de calefacción general, de las instalaciones de agua (metálicas), de las instalaciones de gas canalizado y de las antenas de radio y televisión.

1. Puntos de puesta a tierra

Los puntos de puesta a tierra se situarán:

a) En los patios de luces destinados a cocinas y cuartos de aseo, etc., en rehabilitación o reforma de edificios existentes.

b) En el local o lugar de la centralización de contadores, si los hubiere.

c) En la base de las estructuras metálicas de los ascensores y montacargas, si los hubiere.

d) En el punto de ubicación de la caja general de protección.

e) En cualquier local donde se prevea la instalación de elementos destinados a servicios generales o especiales, y que por su clase de aislamiento o condiciones de instalación deban ponerse a tierra.

2. Ejecución de las instalaciones

Las instalaciones se realizarán mediante algunos de los siguientes sistemas:

a) Instalaciones empotradas:

- — Cables aislados bajo tubo flexible.
- — Tubos aislados bajo tubo curvable.

b) Instalaciones superficiales:

- — Cables aislados bajo tubo curvable.
- — Cables aislados bajo tubo rígido.
- — Cables aislados bajo canal protectora cerrada.
- — Canalizaciones prefabricadas.

La Figura 2.29 muestra ejemplos de puesta a tierra. En nuestro caso, la instalación deberá estar conectada a tierra en alguna parte de la misma (conductor PE), siempre que sea material conductor.

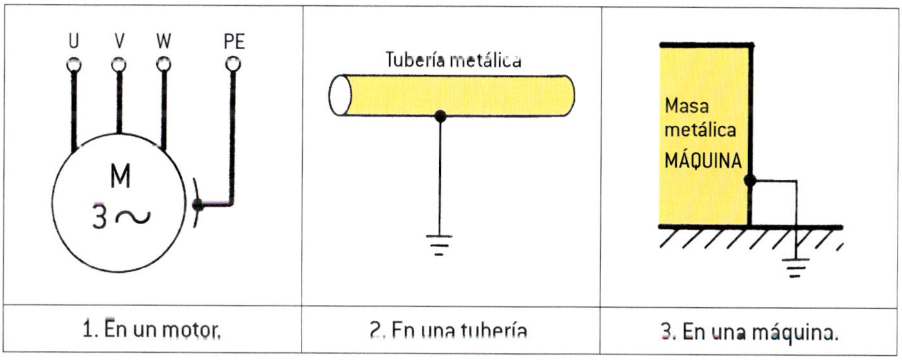

Figura 2.29. Varios ejemplos de masas metálicas puestas a tierra.

El conductor de puesta a tierra se distingue por su aislamiento especial (verde-amarillo) como el que se representa en la Figura 2.30.

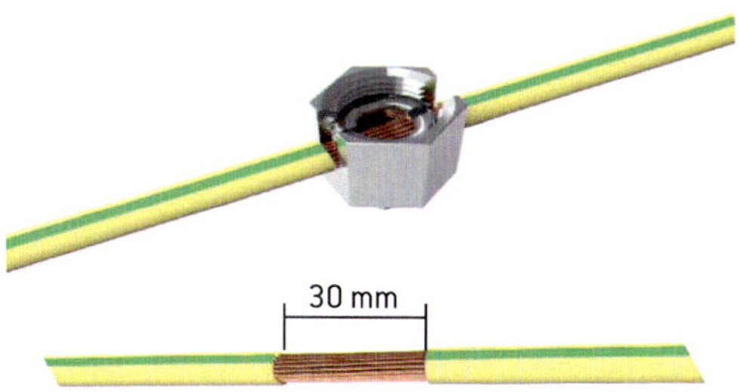

Figura 2.30. Conductor de protección (CP o PE).

2.8. ELEMENTOS DE CORTE Y PROTECCIÓN

Son elementos de corte aquellos dispositivos que **cierran** y **abren** circuitos eléctricos.

Hay que distinguir entre circuitos que se cierran y abren en **vacío** (sin consumo o muy pequeño) y circuitos que se cierran y abren en **carga** (con consumos elevados en el momento del cierre y la apertura).

No todos los aparatos están construidos para cerrar y abrir circuitos en carga.

Son elementos de protección aquellos dispositivos que protegen la instalación contra algunos defectos que se han enumerado en el Apartado 2.6.1.

2.8.1. Conexión y desconexión de circuitos eléctricos

No todos los aparatos de maniobra son actos para conectar y desconectar circuitos en carga. Para que un interruptor pueda realizar esta función deberá tener el suficiente *poder* de conexión o cierre y desconexión o *corte* (PdC).

Poder de cierre de un dispositivo. Se expresa por la intensidad de corriente que este aparato es capaz de establecer, bajo una tensión dada, en las condiciones prescritas de empleo y funcionamiento.

Poder de corte de un dispositivo. Se expresa por la intensidad de corriente que este dispositivo es capaz de cortar, bajo una tensión de restablecimiento determinada y en las condiciones prescritas de funcionamiento.

2.8.2. Posibilidad de conectar y desconectar en carga

Según el apartado 2.7 de la instrucción ITC-BT-19.

Se instalarán dispositivos apropiados que permitan conectar y desconectar en carga en una sola maniobra, en:

a) Toda instalación interior o receptora en su origen, circuitos principales y cuadros secundarios. Podrán exceptuarse de esta prescripción los circuitos destinados a relojes, a rectificadores para instalaciones telefónicas cuya potencia nominal no exceda de 500 VA y a los circuitos de mando y control, siempre que su desconexión impida cumplir alguna función importante para la seguridad de la instalación. Estos circuitos podrán desconectarse mediante dispositivos independientes del general de la instalación.

b) Cualquier receptor.

c) Todo circuito auxiliar para mando o control, excepto los destinados a la tarificación de la energía.

d) Toda instalación de aparatos de elevación o transporte, en su conjunto.

e) Todo circuito de alimentación en baja tensión destinado a una instalación de tubos luminosos de descarga en alta tensión.

f) Toda instalación de locales que presenten riesgo de incendio o de explosión.

g) Las instalaciones a la intemperie.

h) Los circuitos con origen en cuadros de distribución.

i) Las instalaciones de acumuladores.

j) Los circuitos de salida de generadores.

Los dispositivos admitidos para la conexión y desconexión en carga son:

- Los interruptores manuales.
- Los cortacircuitos fusibles de accionamiento manual, o cualquier otro sistema aislado que permita estas maniobras siempre que tengan poder de corte y de cierre adecuado e independiente del operador.
- Las clavijas de las tomas de corriente de intensidad nominal no superior a 16 A.
- Los interruptores automáticos.
- Los contactores.

Deberán ser de corte omnipolar los dispositivos siguientes:

- Los dispositivos situados en el cuadro general y cuadros secundarios de toda instalación interior o receptora.
- Los destinados a circuitos excepto en sistemas de distribución TN-C, en los que el corte del conductor neutro está prohibido y excepto en los TN-S en los que se pueda asegurar que el conductor neutro está al potencial de tierra.
- Los destinados a receptores cuya potencia sea superior a 1000 W, salvo que prescripciones particulares admitan corte omnipolar.
- Los situados en circuitos que alimenten a lámparas de descarga o autotransformadores.
- Los situados en circuitos que alimenten a instalaciones de tubos de descarga en alta tensión.

En los demás casos, los dispositivos podrán no ser de corte omnipolar.

El conductor neutro o compensador no podrá ser interrumpido salvo cuando el corte se establezca por interruptores omnipolares.

2.8.3. Elementos de protección

La Tabla 2.9 recoge los principales elementos de protección para circuitos eléctricos y sus finalidades.

Tabla 2.9. Elementos de protección y objetivo del mismo

a) Protección de los circuitos y receptores	
Dispositivo	**Finalidad**
Fusibles o cortacircuitos	Proteger a circuitos y receptores contra corrientes muy elevadas o de cortocircuito.
Relés térmicos	Proteger a los circuitos y receptores contra sobreintensidades (sobrecargas).
Interruptores magnéticos	Además de poder conectar y desconectar circuitos en carga, defenderlos contra las corrientes muy elevadas o de cortocircuito.
Interruptores magnetotérmicos	Además de poder conectar y desconectar circuitos en carga, defenderlos contra sobreintensidades y corrientes muy elevadas o de cortocircuito.
Descargadores de sobretensiones	Descargar sobretensiones que pueden llegar a la utilización y que pueden ser perjudiciales para elementos electrónicos de la instalación.
Dispositivos integrales de protección	Dispositivos electrónicos con posibilidad de protección contra diferentes anomalías de los circuitos. (Cortocircuitos, sobrecargas, puestas a masa, sobretensiones, problemas de aislamiento, etcétera).
b) Protección de las personas	
Dispositivo	**Finalidad**
Interruptor diferencial	Desconecta el circuito cuando una fase se pone en contacto con una masa metálica y se deriva una corriente que puede afectar a una persona que toque la masa metálica.

2.9. DIMENSIONAMIENTO DE INTERRUPTORES Y PROTECCIONES ELÉCTRICAS

Los aparatos eléctricos tendrán el dimensionado (características) que le corresponda por los valores y condiciones de trabajo de los receptores en la instalación. No vale poner mayor dimensionado, o que este sea escaso, en ambos casos, la instalación y sus receptores estarán mal protegidos.

A continuación vamos a estudiar el dimensionado de diferentes aparatos con carácter general.

2.9.1. Aparamenta eléctrica

Se entiende por aparamenta eléctrica al equipo, aparato o material previsto para ser conectado a un circuito eléctrico con el fin de asegurar una o varias de las siguientes funciones:

Funciones	Aparatos
Protección	• Fusibles. • Relés térmicos. • Relés de tensión y de intensidad. • Interruptores automáticos. • Interruptores diferenciales. • Otros dispositivos de protección.
Control	• Voltímetro. • Amperímetro. • Vatímetros. • Contadores de energías. • Otros dispositivos de medida y registro.
Seccionamiento	• Seccionadores. • Interruptores. • Contactores.
Conexión	• Interruptores. • Contactores. • Tomas de corriente. • Borneros.

2.9.2. Protección de los circuitos

Las instalaciones eléctricas dispondrán de los dispositivos de protección que les corresponda, atendiendo a las características de las mismas, su entorno y aplicación.

1. Principales incidentes que se dan en los circuitos

Los receptores, aparamenta y circuitos estarán protegidos contra:

- Sobreintensidades.
- Corrientes de cortocircuito.
- Sobretensiones.
- Bajas tensiones.
- Falta de tensión.
- Falta de una fase.

- Problemas de aislamiento.
- Corrientes de fuga o diferencial.
- Otras anomalías contra las que convenga proteger la instalación y el motor.

2. Principales dispositivos de conexión/desconexión

- Seccionadores.
- Interruptores manuales.
- Interruptores automáticos magnéticos y magnetotérmicos.
- Interruptores diferenciales.
- Contactores.
- Fusibles funcionando también como seccionadores.
- Relés diversos.

3. Dispositivos y sus características respecto a su funcionamiento

Tabla 2.10. Funciones de la aparamenta de maniobra

Dispositivo	Aislamiento de las redes activas	Condiciones de corte		Características principales
		Normal	Defecto	
Seccionador	SÍ	NO	NO	Aislamiento eléctrico aguas abajo.
Interruptor	NO	SÍ	NO	Corte y cierre de corriente de carga normal. Poder de cierre en cortocircuito.
Contactor	NO	SÍ	NO	Poder de cierre y corte en condiciones normales. Poder de cierre y corte máximo. Alta endurancia eléctrica.
Interruptor automático	NO	SÍ	SÍ	Poder de corte de cortocircuito. Poder de cierre de cortocircuito.
Fusible	NO	NO	SÍ	Poder de corte de cortocircuito mínimo. Máxima intensidad de corte limitada.

2.9.3. Fusibles

El cortacircuito o fusible es un aparato cuyo cometido es el de interrumpir o abrir el circuito en el que está intercalado, por fusión de su elemento conductor, cuando la intensidad que lo recorre sobrepasa, durante cierto tiempo, un determinado valor límite.

El fusible protege al circuito con sus conductores, aparatos de maniobra y protección, así como a los receptores, contra corrientes muy elevadas o de cortocircuito.

Se dice que se da una corriente de cortocircuito franco, cuando se produce una sobreintensidad muy elevada por un fallo de impedancia despreciable $(Z \approx 0)$ entre dos conductores activos que presentan una diferencia de potencial en condiciones normales de servicio.

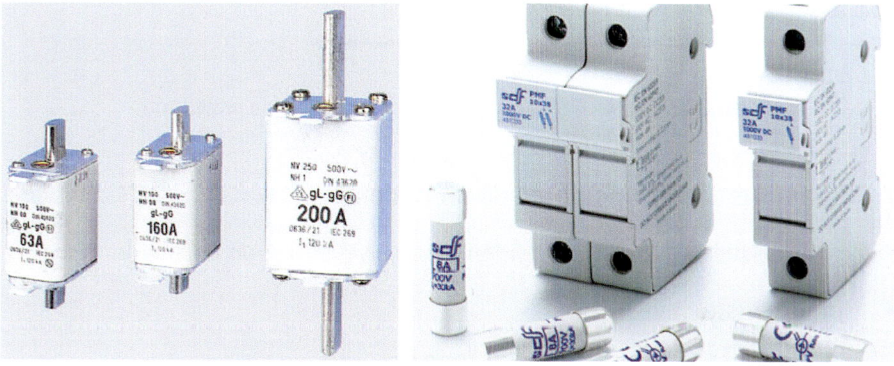

Figura 2.31. Fusibles que protegen los circuitos y receptores contra intensidades muy elevadas o de cortocircuito.

En la Figura 2.32, se presentan fusibles con su correspondiente simbolización.

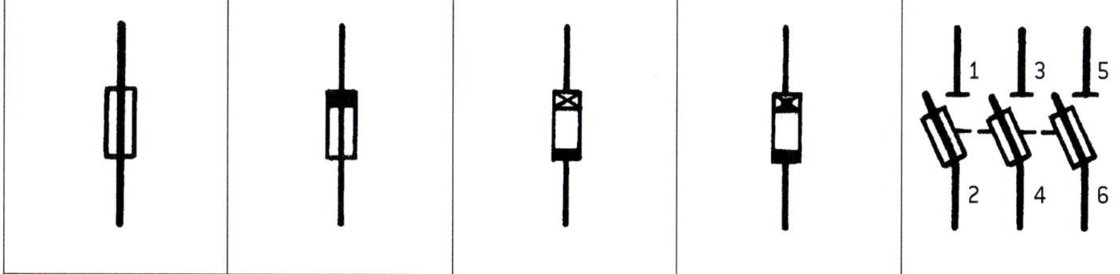

1. Fusible o cortacircuito. Símbolo general.	2. Fusible que indica el lado con tensión.	3. Fusible de acción lenta.	4. Fusible de acción rápida.	5. Seccionador con fusibles incorporados.

Figura 2.32. Representación de fusibles.

1. Curva de funcionamiento de un fusible

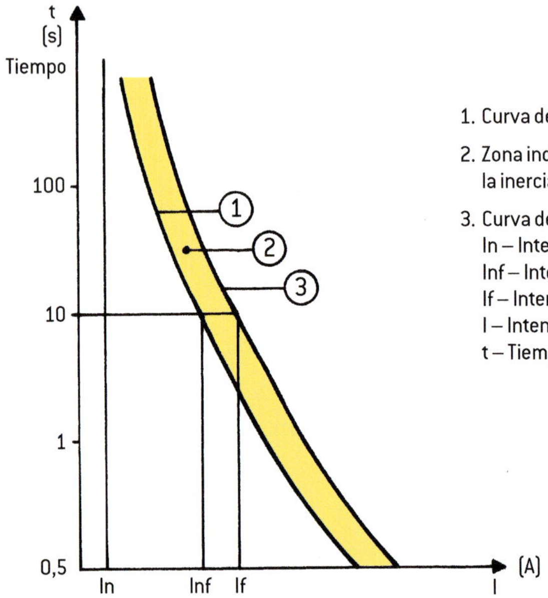

1. Curva de no fusión del fusible.
2. Zona indeterminada dependiente de la inercia del fusible.
3. Curva de fusión del fusible.
   In – Intensidad nominal, en A.
   Inf – Intensidad de no fusión, en A.
   If – Intensidad de fusión, en A.
   I – Intensidad, en amperios (A).
   t – Tiempo, en segundos (s).

Figura 2.33. Curva de funcionamiento de un fusible de protección.

2. Características principales de un fusible

Las características que definen e identifican un fusible son las siguientes:

- Norma constructiva.
- Tensión nominal (250, 400, 500 o 690 V).
- Intensidad nominal. Corresponde al calibre del fusible (cartucho), en amperios (A).
- Corriente de no fusión (*non-fusing current*) Inf. Corresponde al valor de la corriente que provoca la fusión del fusible.
- Curva característica del fusible. La que le corresponda por construcción.

3. Particularidades sobre los fusibles

- Cuando se funde un fusible, debe sustituirse por otro de iguales características.
- Los fusibles, con el paso del tiempo y de su empleo, pierden propiedades, por lo que hay que sustituirlos pasado un tiempo de servicio (circuitos con variaciones de corriente). En la práctica se da el caso de fusión de fusibles

sin aparente causa que provoque la fusión. El motivo es la degradación que experimenta con el paso del tiempo y con el empleo.

- Cuando se produce un cortocircuito es necesario que el fusible esté próximo al origen, para cortar las consecuencias que se derivan a los elementos situados en las proximidades del cortocircuito. Si el cortocircuito es lejano a la posición del fusible puede darse el caso de que el fusible, en ese punto, no acuse el cortocircuito como tal y no se funda.
- Elegir fusibles que convengan al circuito y receptor que proteger, en intensidad máxima y tiempo de respuesta. Atención al poder de corte (PdC) que se da en kA.
- Cuando el circuito disponga de un interruptor magnetotérmico, si le precede un fusible, tendrá mayor sensibilidad ante una corriente de cortocircuito, que el elemento magnético del interruptor.

4. Disposición de los fusibles en el circuito

Los fusibles se colocarán siempre en el inicio de la instalación que van a proteger.

La Figura 2.34 muestra la forma de equipar con fusibles diferentes instalaciones eléctricas.

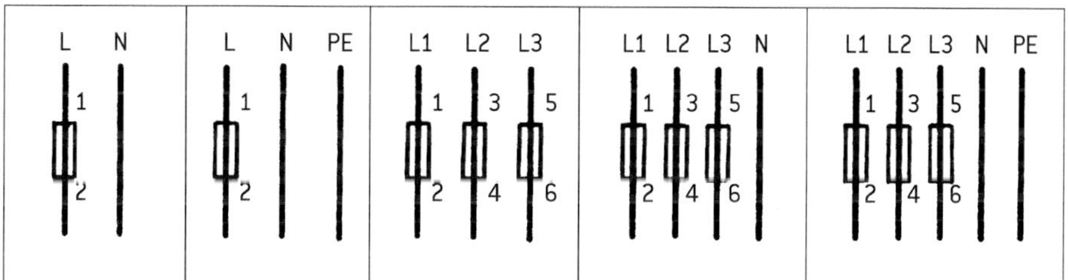

1. En una línea monofásica.	2. En una línea monofásica con conductor de protección.	3. En una línea trifásica.	4. En una línea trifásica con neutro.	5. En una línea trifásica con neutro y conductor de protección.

Figura 2.34. Formas de colocar los fusibles, según sea el tipo de instalación.

5. Características de los fusibles

Las tablas siguientes muestran las principales características de los cortacircuitos fusibles.

Tabla 2.11. Clases de fusibles en función del circuito

Clase	Objetos que proteger
L	Cables y conductores Clase que pasa a denominarse G.
M	Aparatos de maniobra.
R	Semiconductores.
B	Instalaciones mineras.
Tr	Transformadores.

Clase	Servicio
gL/gG	Protección de uso general para cables y conductores.
aM	Protección de uso parcial para aparatos de maniobra.
gR	Protección de uso parcial para semiconductores.
gR	Protección de uso general para semiconductores.
gB	Protección de uso general para instalaciones mineras.
gTr	Protección de uso general para transformadores.

Tabla 2.12. Fusibles tipo cartucho cilíndrico de uso doméstico

Tipo	Dimensiones		Corriente nominal (In), en A	
	c (mm)	**a (mm)**	**Zócalo**	**Elementos de reemplazamiento**
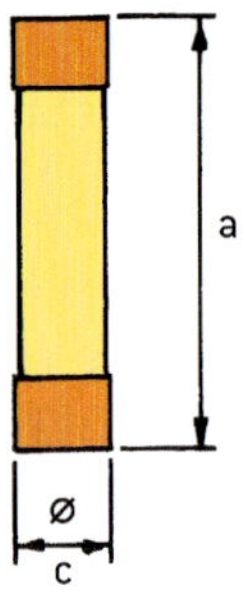	6,3	23	6	2-4-6-8-10
	8,5	23	10	2-4-6-8-10
	10,3	15,8	16	6-8-10-12-16
	8,5	31,5	20	2-4-6-8-10-12-16-20
	10,3	31,5	25	16-20-25
	10,3	38	32	25-32

Tabla 2.13. Fusibles tipo cartucho cilíndrico y de cuchillas para uso industrial

Cartucho cilíndrico	Dimensiones			Corriente nominal (In), en A
	c (mm)	**a (mm)**	**Zócalo**	**Elementos de reemplazamiento**
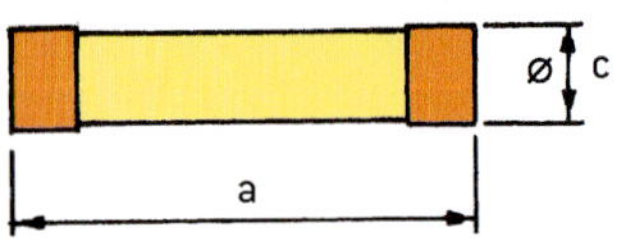	10,4	38	20	2-4-6-8-10-12-(16-20)
	14	51	40	2-4-6-8-10-12-16-20-25-32-40
	22	58	80	20-25-32-40-50-63-80

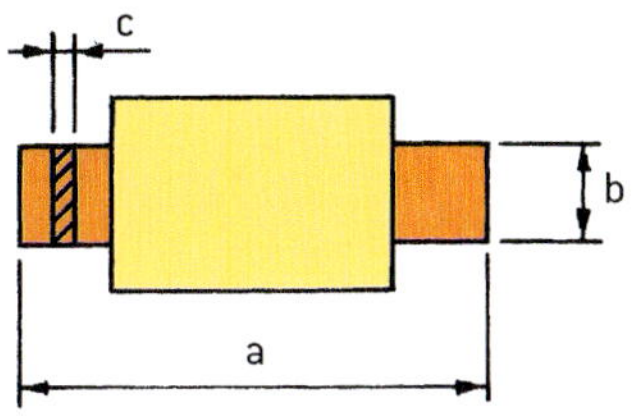

Cartucho a cuchillas	a (mm)	b (mm)	c (mm)	Talla	Zócalo	Calibre (In), en A[1]
	75	15	6	00	100	10 a 160 A
	125	15	6	0	125	40 a 200 A
	135	21	6	1	250	80 a 250 A
	150	28	6	2	400	125 a 400 A
	150	36	6	3	630	500 a 630 A
	200	60	8	4	1000	630 a 1250 A

[1] 10 – 16 – 20 – 25 – 32 – 35 – 40 – 50 – 63 – 80 – 100 – 125 – 160 – 200 – 250 – 315 – 355 – 400 – 500 – 630 – 800 – 1000 – 1250.

6. Dimensionado de los fusibles de protección para motores trifásicos

Para determinar la intensidad de los fusibles que colocar en instalaciones que protegen motores trifásicos en arranque directo y arranque estrella-triángulo, se tendrá en cuenta lo siguiente, según sea el tipo de arranque.

➤ a) Arranque directo

- Corriente máxima de arranque: 6 a 8 In.
- Tiempo máximo de arranque: 3 a 5 s.

➤ b) Arranque en conexión (Y-Δ)

- Corriente máxima de arranque: 2 a 3 In.
- Tiempo máximo de arranque: hasta 12 s.
- Ajuste del relé de sobrecarga instalado en la línea principal: 0,58 In.

Tabla 2.14. Características de los fusibles en arranque directo y estrella-triángulo. Para motores de cuatro polos (2p = 4) y 1500 r. p. m. de construcción estándar

Potencia nominal del motor			230 V			400 V			690 V		
			Corriente nominal del motor	Fusible		Corriente nominal del motor	Fusible		Corriente nominal del motor	Fusible	
				Arranque directo	Y/Δ		Arranque directo	Y/Δ		Arranque directo	Y/Δ
kW	cos φ	η (%)	A	A	A	A	A	A	A	A	A
0,06	0,7	58	0,37	2	—	0,21	2	—	0,12	2	—
0,09	0,7	60	0,54	2	—	0,31	2	—	0,18	2	—
0,12	0,7	60	0,72	4	2	0,41	2	—	0,24	2	—
0,18	0,7	62	1,04	4	2	0,6	2	—	0,35	2	—

Potencia nominal del motor			230 V			400 V			690 V		
			Corriente nominal del motor	Fusible		Corriente nominal del motor	Fusible		Corriente nominal del motor	Fusible	
				Arranque directo	Y/Δ		Arranque directo	Y/Δ		Arranque directo	Y/Δ
kW	cos φ	η (%)	A	A	A	A	A	A	A	A	A
0,25	0,7	62	1,4	4	2	0,8	4	2	0,5	2	—
0,37	0,72	66	2	6	4	1,1	4	2	0,7	2	—
0,55	0,75	69	2,7	10	4	1,5	4	2	0,9	4	2
0,75	0,79	74	3,2	10	4	1,9	6	4	1,1	4	2
1,1	0,81	74	4,6	10	6	2,6	6	4	1,5	4	2
1,5	0,81	74	6,3	16	10	3,6	6	4	2,1	6	4
2,2	0,81	78	8,7	20	10	5	10	6	2,9	10	4
3	0,82	80	11,5	25	16	6,6	16	10	3,8	10	4
4	0,82	83	14,8	32	16	8,5	20	10	4,9	16	6
5,5	0,82	86	19,6	32	25	11,3	25	16	6,5	16	10
7,5	0,82	87	26,4	50	32	15,2	32	16	8,8	20	10
11	0,84	87	38	80	40	21,7	40	25	12,6	25	16
15	0,84	88	51	100	63	29,3	63	32	17	32	20
18,5	0,84	92	63	125	80	36	63	40	20,9	32	25
22	0,84	92	71	125	80	41	80	50	23,8	50	25
30	0,85	92	96	200	100	55	100	63	32	63	32
37	0,86	92	117	200	125	68	125	80	39	80	50
45	0,86	93	141	250	160	81	160	100	47	80	63
55	0,86	93	173	250	200	99	200	125	58	100	63
75	0,86	94	233	315	250	134	200	160	78	160	100
90	0,86	94	279	400	315	161	250	200	95	160	100
110	0,86	94	342	500	400	196	315	200	114	200	125
132	0,87	95	401	630	500	231	400	250	134	250	160
160	0,87	95	486	630	630	279	400	315	162	250	200
200	0,87	95	607	800	630	349	500	400	202	315	250
250	0,87	95	—	—	—	437	630	500	253	400	315
315	0,87	96	—	—	—	544	800	630	316	500	400
400	0,88	96	—	—	—	683	1000	800	396	630	400
450	0,88	96	—	—	—	769	1000	800	446	630	630
500	0,88	97	—	—	—	—	—	—	491	630	630
560	0,88	97	—	—	—	—	—	—	550	800	630
630	0,88	97	—	—	—	—	—	—	618	800	630

Nota: el mismo fusible corresponde para un arranque en Y-Δ, que para el arranque de un motor de rotor bobinado.

Los fusibles de esta tabla son retardados (gL) según (VDE 0636).

Pueden instalarse fusibles de características aM con intensidad correspondiente a la intensidad nominal.

2.9.4. Interruptores

Dispositivos destinados a poner en tensión o fuera de tensión los circuitos eléctricos. También para poner en servicio instalaciones y receptores en carga, siempre que tengan el suficiente poder de cierre y de corte (PdC).

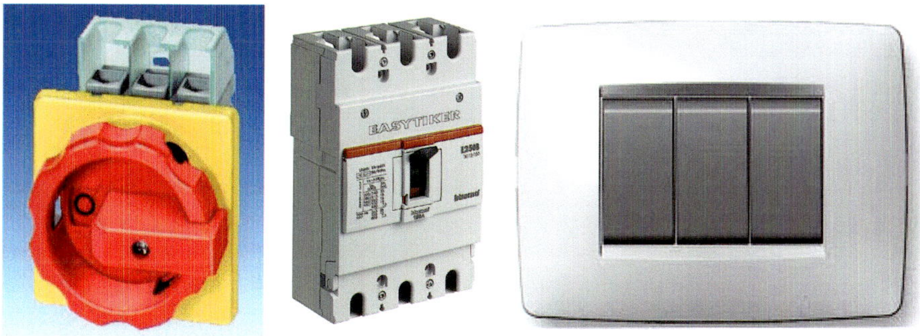

Figura 2.35. Interruptores, presentación comercial.

1. Poder de cierre y corte de los interruptores

Recordamos el significado de PdC.

➤ a) Poder de cierre

El poder de cierre de un dispositivo se expresa por la intensidad de corriente que este aparato es capaz de establecer, bajo una tensión dada, en las condiciones prescritas de empleo y de funcionamiento.

➤ b) Poder de corte

El poder de corte de un aparato se expresa por la intensidad de corriente que este aparato es capaz de cortar, bajo una tensión de restablecimiento determinada y en las condiciones prescritas de funcionamiento.

> **Nota:** el técnico o el electricista que proyecta o instala este tipo de aparatos debe tener presente que hay interruptores que no tienen poder de cierre y de corte (PdC), caso de los seccionadores, o lo tienen limitado para una intensidad determinada.

Los interruptores son dispositivos capaces de cerrar y abrir circuitos con receptores en carga, ya que sus contactos tienen suficiente poder de cierre y corte.

La Figura 2.36 muestra la representación simbolizada de diferentes tipos de interruptores.

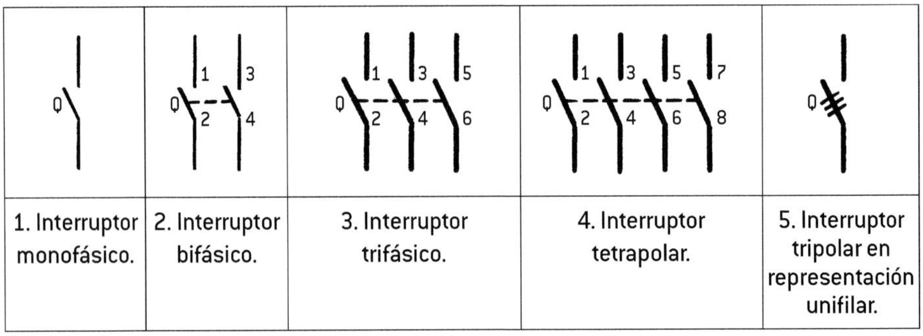

Figura 2.36. Representación de interruptores.

2. Seccionadores

Los seccionadores son interruptores que tienen contactos sin poder de cierre y corte para actuar circuitos en carga. Se emplean preferentemente para aislar o poner en disposición de funcionamiento los circuitos y receptores.

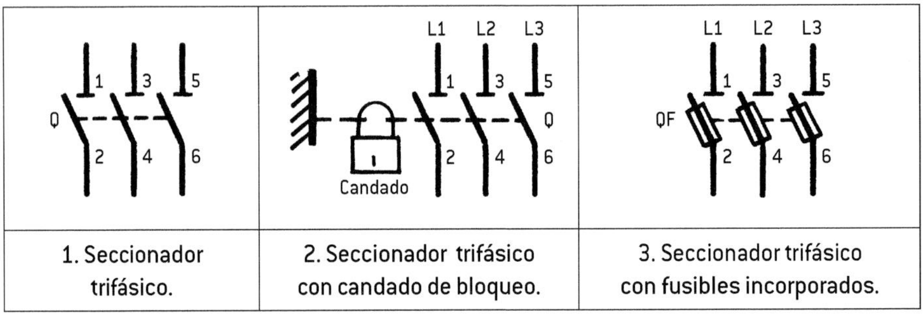

Figura 2.37. Representación de interruptores seccionadores.

Observación importante: nunca se interrumpirá (cortará) el conductor de protección PE por la acción de un interruptor o seccionador.

2.9.5. Interruptores automáticos

El interruptor automático será capaz de establecer, mantener e interrumpir las intensidades de corriente de servicio, o de establecer e interrumpir automáticamente, en condiciones predeterminadas, intensidades de corriente anormalmente elevadas, tales como las corrientes de cortocircuito.

Los interruptores de control de potencia y magnetotérmicos son aparatos de conexión que integran todos los dispositivos necesarios para asegurar de forma coordinada:

- Mando.

- Protección contra sobrecarga (sobreintensidad).
- Protección contra cortocircuito.

Los interruptores automáticos se accionan manualmente y pueden conectar y desconectar circuitos a plena carga, dado que están preparados para soportar corrientes elevadas por su elevado poder de corte (PdC).

El poder de corte de un aparato se expresa por la intensidad de corriente que este dispositivo es capaz de cortar, bajo una tensión de restablecimiento determinada y en las condiciones prescritas de funcionamiento.

El interruptor automático es muy empleado, tanto en instalaciones domésticas, encabezando las diferentes derivaciones del conjunto de la instalación (alumbrado, bases de enchufe, cocina, termos, etc.), como en servicios y la industria.

a) Interruptores automáticos de efecto magnético

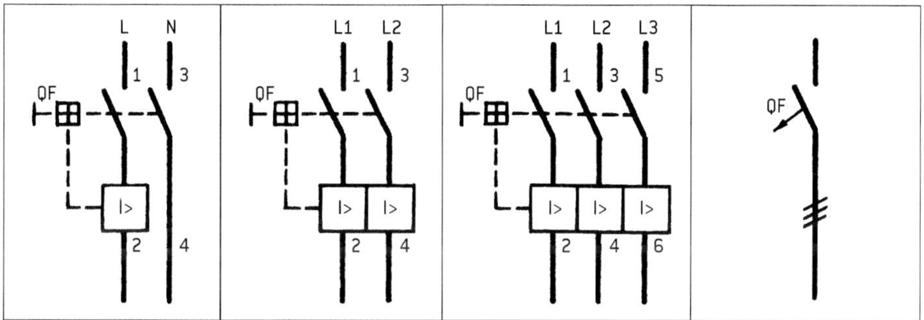

1. Interruptor automático magnético monofásico.	2. Interruptor automático magnético bifásico.	3. Interruptor automático magnético trifásico.	4. Representación simplificada de un interruptor automático magnético.

Figura 2.38. Interruptores automáticos de efecto magnético.

b) Interruptores automáticos de efecto magnetotérmico

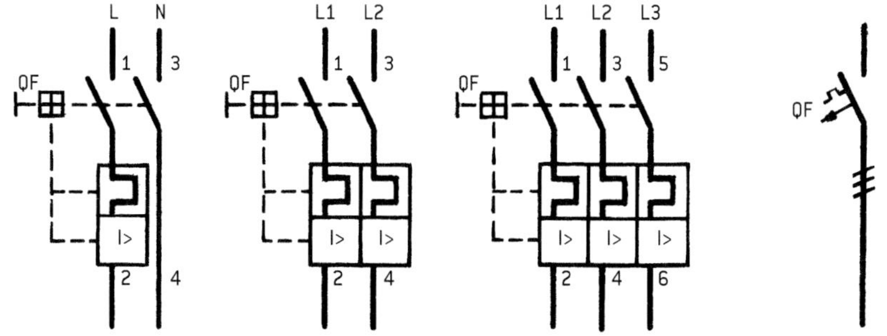

Figura 2.39. Interruptores automáticos de efecto magnetotérmico.

1. Características principales del interruptor automático

- Norma constructiva.
- Intensidad nominal que corresponde al calibre del interruptor.
- Tensión nominal: de 230 a 690 V, para baja tensión.
- Número de polos: 1 a 4 polos, según sea su aplicación.
- Poder de corte: kA para una tensión determinada (Ej. 50 kA para 400 V).
- Curva de funcionamiento.
- Dispositivo de protección: magnético, magnetotérmico, si es temporizado y si dispone de protección diferencial.

2. Curvas características de los interruptores automáticos

Se construyen interruptores automáticos con diferentes características. En el momento de su instalación habrá que elegir aquella curva que se ajuste al tipo de instalación de que se trate. En la Tabla 2.15 se indican las características de las diferentes curvas.

Tabla 2.15. Características de los interruptores automáticos en función de su curva característica

Curva	Características
B	Utilizados en la protección de generadores, de grandes longitudes de cable, en esquemas TN e IT. Protección contra sobrecargas: térmico estándar. Protección contra cortocircuito: magnéticos fijados por curva B. Im entre 3 y 5 In o 3,2 y 4,8 In, según normas UNE 60898 y EN 60947-2. Ir – Intensidad del regulador del relé térmico. Im – Intensidad de regulación del dispositivo magnético.
C	Utilizados en la protección de cables alimentando ***receptores clásicos de alumbrado***. Protección contra sobrecarga: relé estándar. Protección contra cortocircuito: magnéticos fijados por curva C. Im entre 5 y 10 In o 0,7 y 10 In, según normas UNE-EN 60898 y EN 60947-2.
D	Utilizados en la protección de cables alimentando receptores con fuertes puntas de arranque (motores, ***lámparas de alumbrado***, otros). Protección contra sobrecarga: térmico estándar. Protección contra cortocircuito: magnéticos fijados por curva D. Im entre 10 y 14 In, según normas UNE-EN 60898 y EN 60947-2.
MA	Utilizados para proteger el arranque de motores. Protección contra sobrecarga: no hay protección. Protección contra cortocircuito: umbrales magnéticos fijados por curva MA. Im fijado a 12 In (la regulación fija del magnético tipo MA está garantizada por Im ± 20 %), según EN 60947-2.

Curva	Características
Z	Utilizados en la protección de circuitos electrónicos. Protección contra sobrecarga: térmico estándar. Protección contra cortocircuito: magnéticos fijados por curva Z. Im entre 2,4 y 3,6 In, según EN 60947-2.

Nota: los interruptores con curva C pueden cargarse al 100 %, tanto con lámparas de incandescencia como con fluorescentes, estén o no compensados.

Cuando se trate de circuitos trifásicos destinados a utilizaciones monofásicas (fase + neutro) en instalaciones terciarias (hoteles, hospitales, escuelas, bancos, edificios oficiales y otros) en los cuales se prevean desequilibrios de carga sobre las fases, con el fin de proteger el neutro se utilizarán interruptores automáticos con los cuatro polos protegidos.

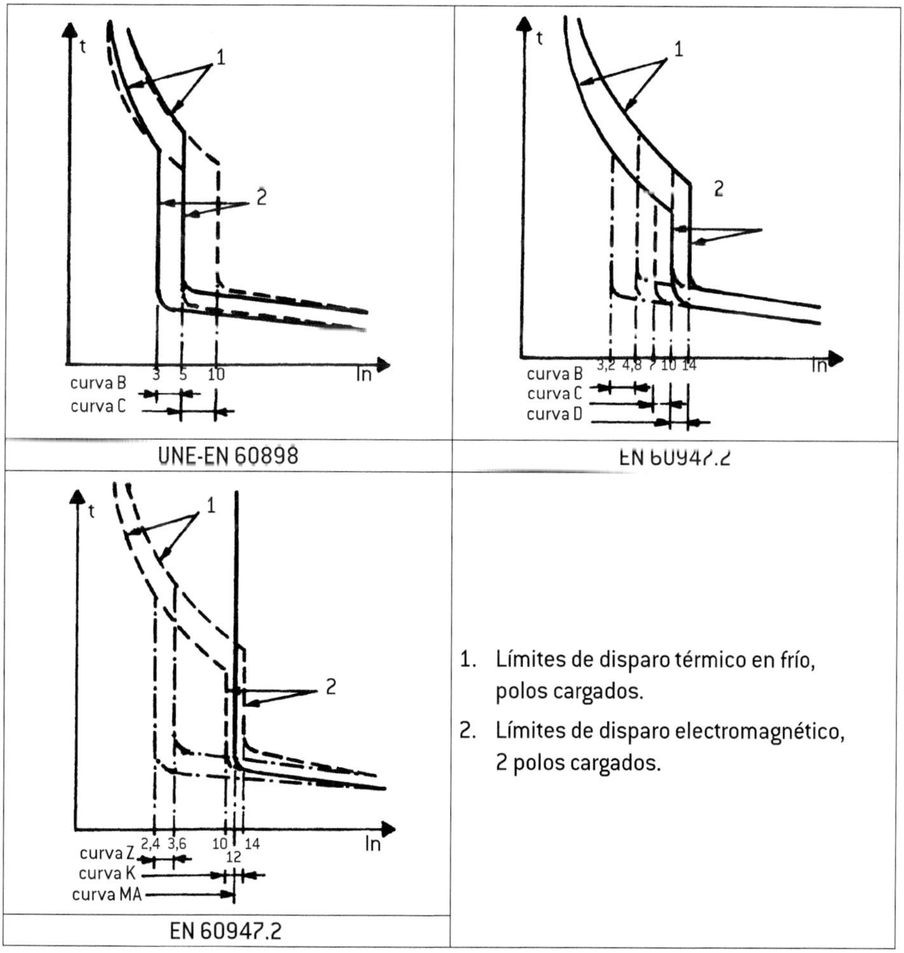

Figura 2.40. Curvas características de interruptores automáticos magnetotérmicos.

3. Calibrado de los interruptores automáticos

Para pequeños interruptores automáticos.

Características principales:

- Tensión de empleo: 230/400 V.
- Poder de corte: 10 kA.
- Magnetotérmico.
- Curva C.
- Norma constructiva: UNE 20.317-88.

Intensidades nominales In, en amperios (A):

10	16	20	25	32	40	50	63	80	100	125

La Figura 2.41 muestra las zonas de protección de un interruptor automático de efecto magnetotérmico y la relación intensidad/tiempo.

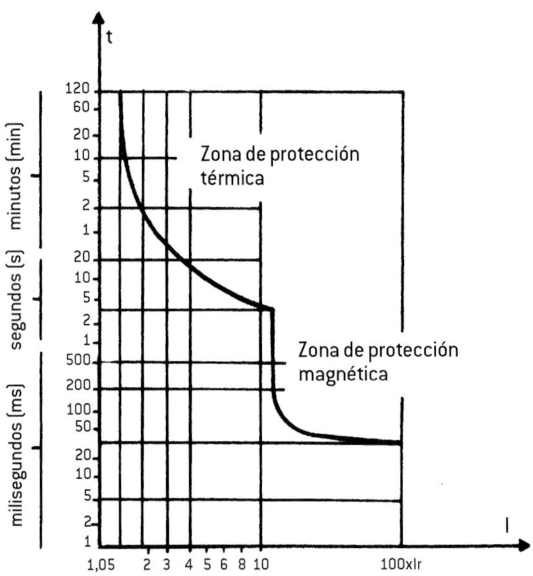

Figura 2.41. Zonas de protección térmica y magnética.

4. Aplicación de un interruptor automático

Inicio de una instalación para tomas de corriente con un interruptor automático de efecto magnetotérmico (QF) y un interruptor diferencial (ID).

Los niveles de protección serán adecuados a la potencia de los receptores que conectar.

(1) Tomas de corriente monofásica a 230 V.

(2) Tomas de corriente trifásica a 400 V.

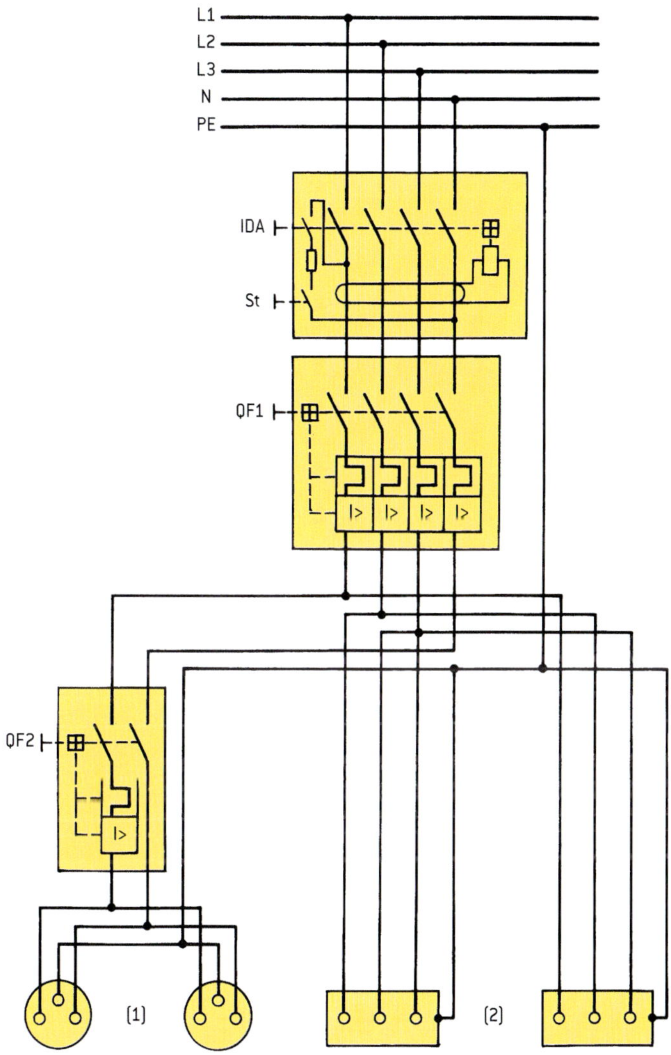

Figura 2.42. Ejemplo de circuito que aplica interruptores automáticos.

Nota: a los interruptores automáticos de efecto magnetotérmico también se les denomina disyuntores.

2.9.6. Interruptores diferenciales

Son aparatos electromecánicos o asociación de aparatos destinados a provocar la apertura de los contactos cuando la corriente diferencial alcanza un valor dado. Se trata de un aparato muy importante empleado en los circuitos para controlar las corrientes derivadas a masa metálica (conductora), como consecuencia de un defecto de aislamiento y que puede resultar peligrosa para las personas que trabajan en la zona afectada.

- **Corriente diferencial o de falta.** Corriente que circula debido a un defecto de aislamiento.
- **Corriente de choque.** Corriente de contacto que podría provocar efectos fisiopatológicos.
- **Corriente de defecto o de falta.** Corriente que circula debido a un defecto de aislamiento.
- **Corriente de puesta a tierra.** Corriente total que se deriva a tierra a través de la puesta a tierra.

La corriente de puesta a tierra es la parte de la corriente de defecto que provoca la elevación de potencial de una instalación de puesta a tierra.

- **Corriente diferencial residual.** Suma algebraica de los valores instantáneos de las corrientes que circulan a través de todos los conductores activos de un circuito, en un punto de la instalación eléctrica.
- **Corriente diferencial residual de funcionamiento.** Valor de la corriente diferencial residual que provoca el funcionamiento de un dispositivo de protección.

> **Nota:** en un sistema de protección diferencial, deben conectarse a tierra todas las masas de los aparatos y receptores que forman parte de la instalación.

La máxima resistencia a tierra se calcula por la fórmula siguiente:

$$R_{mt} = \frac{U_b}{I_{\Delta n}} \ (\Omega)$$

R_{mt} – Resistencia máxima de tierra.

U_b – Tensión de contacto máximo admisible.

$I_{\Delta n}$ – Intensidad nominal de defecto (sensibilidad) del interruptor diferencial.

Tabla 2.16. Relación entre tensión, intensidad nominal de defecto y resistencia máxima a tierra

Tensión de contacto máximo admisible, en V	Intensidad nominal de defecto ($I_{\Delta n}$), en A		
	0,01	**0,03**	**0,3**
	Resistencia máxima a tierra (R_{mt}), en Ω		
24	2400	800	80
50	5000	1660	166

La finalidad del interruptor diferencial (ID) es la de proteger a las personas y el propio circuito contra los efectos de la corriente eléctrica derivada, por contacto indirecto a través de masas eléctricas.

El interruptor diferencial (ID) debe cortar las corrientes peligrosas (en función de su sensibilidad) en el tiempo más corto posible.

El ID no tiene otras funciones en el circuito que la protección de las personas e instalación. Tiene poder de corte suficiente para efectuar la desconexión de circuitos y receptores que están en situación de carga (UNE-EN 60898).

1. Sensibilidad con la que se construyen los ID

a) Sensibilidad media

1 A	650 mA	500 mA	300 mA	100 mA

b) Alta sensibilidad

30 mA	**10 mA**	6 mA

Nota: en negrita, las sensibilidades más utilizadas.

Los ID se desconectan automáticamente cuando la intensidad de fuga detectada llega al valor de su sensibilidad.

2. Características principales de los interruptores diferenciales

- Tensión nominal: 250 – 440 V.
- Corriente nominal: 16 – 25 – 40 – 63 – 80 – 125 – 160 A.
- Número de polos: 2 o 4.
- Poder de corte: 1500 – 2000 – 4000 A.

- Sensibilidad: 600 – 500 – 300 – 100 – 30 – 10 mA.
- Media sensibilidad: 1 A – 600 – 500 – 300 – 100 mA.
- Alta sensibilidad: 30 – 10 – 6 mA.

Nota: en las instalaciones domésticas, la sensibilidad del interruptor ID es de 30 mA.

En los interruptores diferenciales es muy importante el valor de su sensibilidad respecto a la protección de las personas. También el que la resistencia a tierra sea pequeña, de ahí, que la instalación de puesta a tierra esté siempre en correctas condiciones.

Los ID tienen la misión de proteger a las personas contra los efectos de la corriente eléctrica, cuando accidentalmente entra en contacto directo un conductor activo (fase o neutro), con una masa conductora de un determinado elemento (electrodoméstico, motor, portalámparas, armarios, etcétera).

El servicio de mantenimiento o el propio usuario deberá revisar estos dispositivos de protección, al menos una vez al mes.

3. Representación de interruptores diferenciales

Se construyen dos tipos de interruptores diferenciales (ID); para 2 y 4 polos.

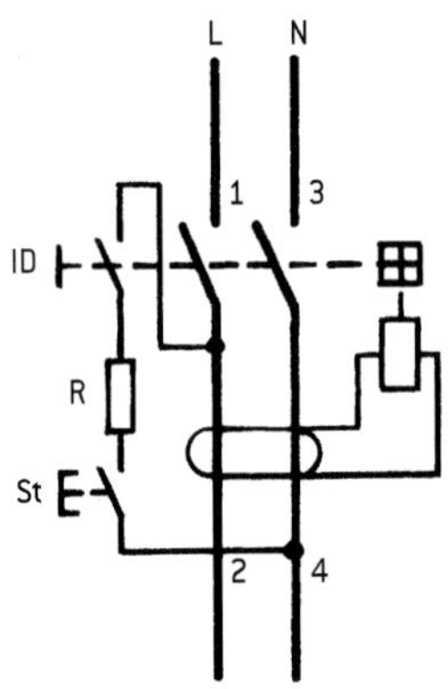	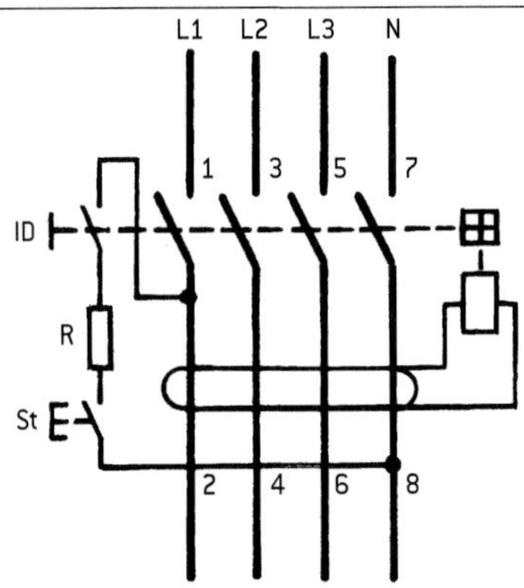 St – Pulsador de test (prueba).	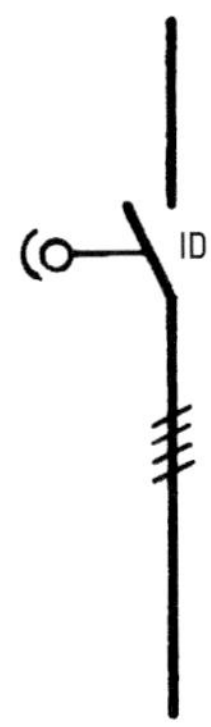
1. Interruptor diferencial de dos polos (fase y neutro).	2. Interruptor diferencial de cuatro polos (tetrapolar, tres fases y neutro).	3. Interruptor diferencial. Representación unifilar.

Figura 2.43. Representación de interruptores diferenciales.

Nota: algunos ID pueden incorporar contactos auxiliares.

Tabla 2.17. Características de los interruptores diferenciales más empleados

Sensibilidad mA	Recorrido de sensibilidad mA	Calibre de reglaje (A)		Poder de corte kA	Tensión de contacto V	Resistencia nominal de tierra (Ω)
		Bipolar	Tetrapolar			
300	150 a 300	10/30 30/60	10/30 30/60	3 3	24 50	80 166
30	15 a 30	10/30 30/60	10/30 30/60	3 3	12 24 50	400 800 1666

Tabla 2.18. Poder de corte para diferentes intensidades nominales del ID

Intensidad nominal del ID					
16 A	25 A	40 A	63 A	125 A	160 A
Poder de corte					
1,5 kW	1,5 kW	1,5 kW	2 kW	2 kW	4 kW

Tabla 2.19. Sensibilidad del dispositivo de corte para un local húmedo

Sensibilidad del dispositivo de corte (Ia), en A	Valor máximo de la resistencia de toma de tierra, en Ω
0,01	2400
0,03	800
0,1	240
0,3	80
0,5	48
1	24

Nota: los valores de esta tabla son una recomendación de la NTE-IEP para edificios públicos, viviendas, locales comerciales, etcétera.

4. Límite superior de la resistencia de una toma de tierra de la instalación

Protección contra contactos indirectos mediante dispositivo diferencial residual.

Sensibilidad:

$$\text{Cumplirá la condición: } I_{\Delta n} \leq \frac{50\,V}{R_A}$$ [2]

[2] La sensibilidad elegida del dispositivo de corriente residual estará relacionada con la resistencia R_A de la toma de tierra de la instalación, de acuerdo con la Tabla 2.20.

Tabla 2.20. Límite superior de la resistencia de una toma de tierra en una instalación para diferentes sensibilidades y tensiones

Sensibilidad del dispositivo	Resistencia máxima de la toma de tierra	
$I_{\Delta n}$	50 V	25 V
3 A	16 Ω	8 Ω
1 A	50 Ω	25 Ω
500 mA	100 Ω	50 Ω
300 mA	166 Ω	83 Ω
30 mA	1666 Ω	833 Ω

Tabla 2.21. Tiempo máximo de funcionamiento de los dispositivos de corte automático, en función de la intensidad que circula por el organismo humano, antes de que empiece a ser perjudicial

Intensidad de contacto (mA)	Tiempo máximo de corte (s)
25	< 5
43	1
56	0,5
77	0,2
120	0,1
210	0,05
300	0,03

5. Protección de las personas

Las Tablas 2.22, 2.23 y 2.24 nos muestran la importancia de controlar el valor de la corriente de paso por el organismo humano y el tiempo de circulación.

Tabla 2.22. Tiempos de corte máximo del dispositivo de protección para corriente alterna

Tensión de contacto (valores estimados) (V)	Tiempos de corte máximo del dispositivo de protección (s)	
	Para $U_L = 50$ V	Para $U_L = 25$ V
25	5	5
50	5	0,48
75	0,60	0,30
90	0,45	0,25
110	—	0,18
120	0,34	—
150	0,27	0,12
220	0,17	—
230	—	0,05
280	0,12	0,02
350	0,08	—
500	0,04	—

Tabla 2.23. Tiempos de corte máximo del dispositivo de protección para corriente continua

Tensión de contacto (valores estimados) (V)	Tiempos de corte máximo del dispositivo de protección (s)	
	Para $U_L = 50$ V	Para $U_L = 25$ V
25	5	5
50	5	5
75	5	2
90	5	0,80
120	5	0,50
150	1	0,25
220	0,40	0,06
280	0,30	0,02
350	0,20	—
500	0,10	—

Tabla 2.24. Efectos sobre el organismo, en función del tipo de corriente y de si el accidentado es hombre o mujer

Intensidad en mA				Efectos sobre el organismo humano
Corriente continua (CC)		Corriente alterna (CA)		
Hombre	Mujer	Hombre	Mujer	
1	0,6	0,4	0,3	Ninguna sensación.
5,2	3,5	1,1	0,7	Umbral de percepción.
76	51	16	10,5	Umbral de intensidad límite.
90	60	23	15	Choque doloroso y grave (contracción muscular y dificultad respiratoria).
200	170	50	35	Principio de fibrilación ventricular.
1300	1300	1000	1000	Fibrilación ventricular posible en choques cortos: corta duración (no superior a 0,03 s).
500	500	100	100	Fibrilación ventricular posible en choques cortos: duración 3 s.

Comentario: es más peligrosa la misma corriente, si es CA, que si es CC y si es mujer, que si es hombre.

6. Valores eléctricos del contacto corporal

a) Corriente de defecto (I_d)

$$I_d = \frac{U}{R_t + R_i} \text{ (A)}$$

R_t – Resistencia de la toma de tierra (Ω).

R_i – Resistencia interior del punto de contacto con el conductor de protección (Ω).

b) Tensión de contacto (U_c)

$$U_c = R_T \cdot I_d \text{ [V]}$$

c) Corriente corporal (I_c)

$$I_c = \frac{U_c}{R_c} \text{ [A]}$$

Ejemplo de funcionamiento en una instalación con interruptor diferencial

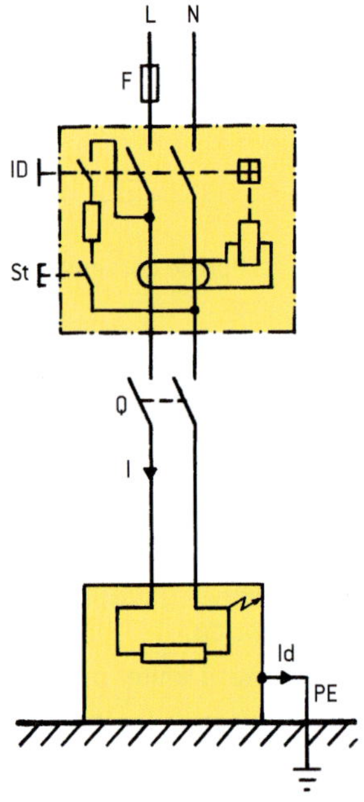

Estando conectado el circuito por medio de ID y Q, si se da un problema de aislamiento al ponerse en contacto un conductor activo con parte metálica, da lugar a que una parte de la corriente principal (I) se derive a tierra (Id). En caso de que la intensidad Id supere la sensibilidad del interruptor diferencial se desconectará el circuito de forma automática.

Figura 2.44. Circuito con interruptor diferencial.

2.9.7. Contactores

Los contactores son interruptores que pueden cerrar y abrir un circuito en carga por la acción de un electroimán, con mando a distancia y pueden formar parte de automatismos eléctricos centralizados.

Este aparato está previsto, normalmente, para efectuar maniobras frecuentes con cargas y sobrecargas normales.

1. Categorías de empleo según IEC 947-4-1

Los contactores, al ser interruptores que se pilotan a distancia, permiten integrarlos en automatismos muy diversos, destinados a la puesta en marcha de instalaciones y receptores, y de forma especial en el arranque de motores.

Los contactores se elegirán para la intensidad y tensión del circuito del que forman parte.

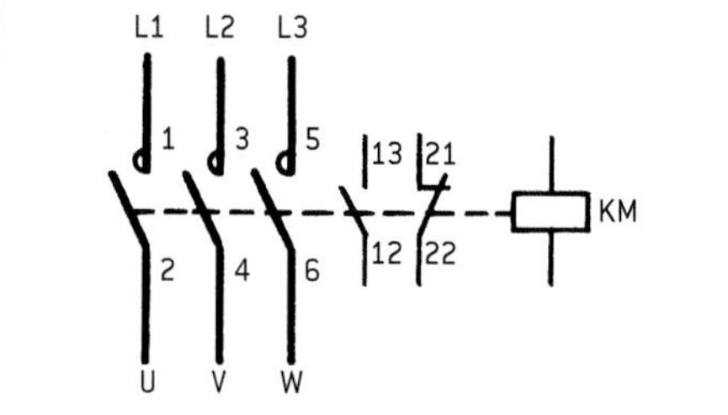

1. Contactor tripolar con contactos auxiliares y electroimán de accionamiento.

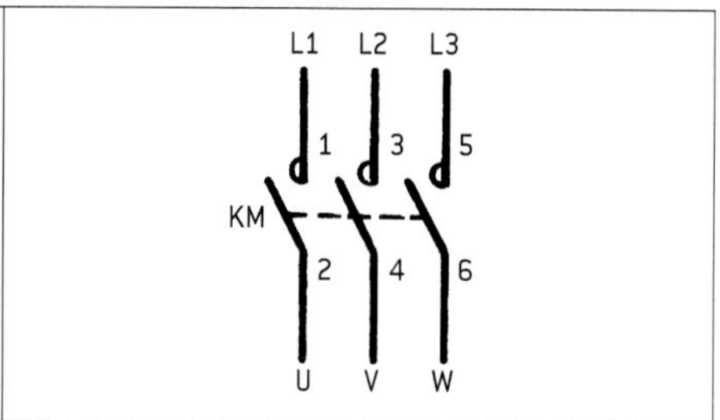

2. Contactor tripolar. Forma de representación más común.

Figura 2.45. Representación de contactores tripolares (trifásicos).

Tabla 2.25. Categorías de empleo para contactores en corriente alterna (CA)

Categoría	Aplicación típica
AC1	Cargas no inductivas o débilmente inductivas. Hornos de resistencias.
AC2	Motores de anillos: corte durante el arranque.
AC3	Motores con rotor en cortocircuito: corte a motor lanzado.
AC4	Motores con rotor en cortocircuito: corte durante el arranque, inversión de marcha, marcha a impulsos.
AC5 a **AC5 b**	Lámparas de descarga. Lámparas incandescentes.
AC6 a **AC6 b**	Transformadores. Baterías de condensadores.
AC7 a **AC7 b**	Cargas débilmente inductivas para aplicaciones domésticas. Motores en aplicaciones domésticas.
AC8 a **AC8 b**	Mando de motores de compresores herméticos de refrigeración con rearme manual de sobrecarga. Mando de motores de compresores herméticos de refrigeración con rearme manual de sobrecarga.

Tabla 2.26. Categorías de empleo para contactores en corriente continua (CC)

Categoría	Aplicación típica
DC1	Cargas no inductivas o débilmente inductivas. Hornos de resistencias.
DC3	Motores shunt: inversión en marcha, marcha a impulsos.
DC5	Motores serie: inversión en marcha, marcha a impulsos.
DC6	Lámparas incandescentes.

Endurancia eléctrica. Número de maniobras que un aparato puede soportar sin mantenimiento, bajo la corriente de empleo.

Endurancia mecánica. La media del número de ciclos de maniobras que el aparato puede efectuar sin defecto mecánico.

2. Aplicaciones de los contactores

En este caso, se emplean contactores y sus complementos para el accionamiento de motores trifásicos.

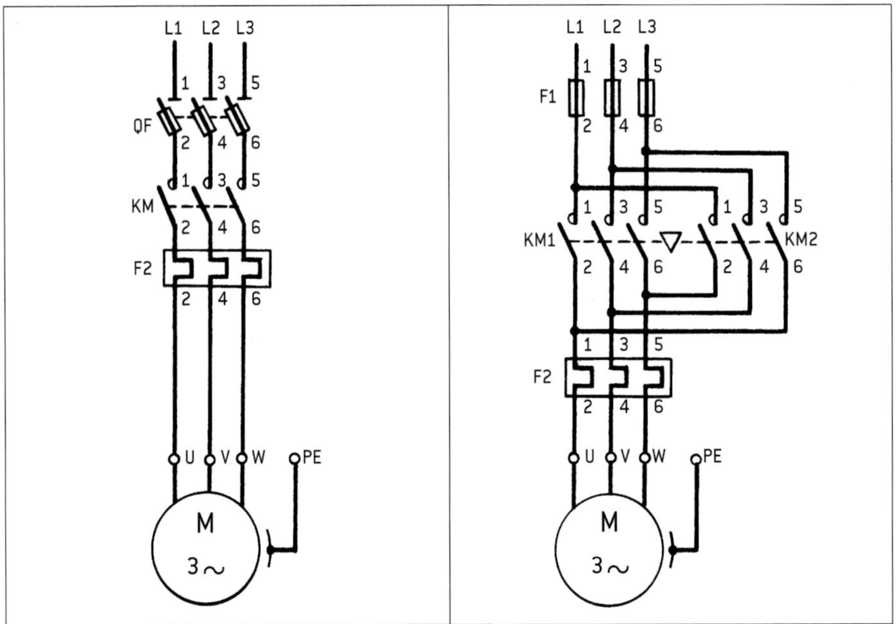

1. Equipo guardamotor para el arranque directo de un motor trifásico.

2. Inversor de giro realizado por contactores para un motor trifásico.

Figura 2.46. Esquemas en los que se aplican contactores.

Nota: se denomina como equipo guardamotor aquel que protege al motor contra corrientes de cortocircuito y sobreintensidades (sobrecarga).

Para invertir el sentido de giro de un motor trifásico: solo hay que cambiar el orden en dos de las tres fases de la alimentación. En el esquema representado en la Figura 2.46.2, el contactor KM1 proporciona las fases al motor ordenadas así: L1-L2-L3, y con KM2, con el orden L3-L2-L1 (L1 y L3 se han cambiado), por lo que habrá inversión de giro.

Nota: cuando se monta una bomba que tiene un sentido de giro, si no es correcto a la primera, habrá que hacer el cambio de dos de sus fases a nivel de la placa de bornes o en la salida del contactor.

Tabla 2.27. Asociación del interruptor magnetotérmico con un contactor

Potencia de motores trifásicos 50/60 Hz, para diferentes tensiones			Calibre del térmico del interruptor
230 V	400 V	690 V	
kW	kW	kW	A
—	0,37	1,1	1 a 1,6
0,37	0,75	1,5	1,6 a 2,5
0,75	1,5	3	2,5 a 4
1,1	2,2	4	4 a 6
2,2	4	7,5	6 a 10
4	7,5	11	10 a 16
5,5	11	18,5	16 a 25
11	18,5	33	25 a 40
15	30	55	40 a 63
22	40	63	63 a 80

Para contactores de categoría AC3

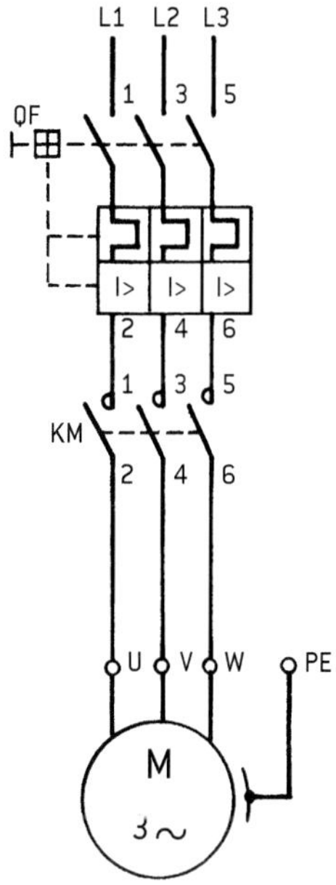

Figura 2.47. Arranque directo de un motor por medio de un contactor y protección por un interruptor magnetotérmico.

2.9.8. Relés térmicos para protección de circuitos de potencia

Los relés térmicos protegen al motor y su circuito contra corrientes de sobreintensidad, también denominada sobrecarga, hasta un 20 % de la intensidad nominal del motor en determinados períodos de su funcionamiento.

El calibrado y talla del relé se ajustará al contactor y a la corriente del circuito que proteger.

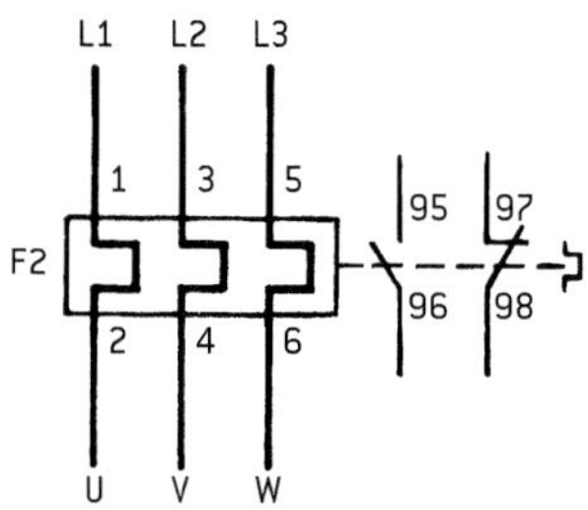

Figura 2.48. Representación de un relé térmico.

1. Funciones del relé térmico en el circuito de potencia

Protege los circuitos y receptores contra sobreintensidades (sobrecargas).

El relé térmico puede estar incluido en un interruptor automático de efecto magnetotérmico o ir solo, formando parte de otros dispositivos de marcha y protección, como es el caso de un contactor con relé térmico (guardamotor).

Su funcionamiento se basa en el calentamiento producido en un bimetal (dos metales pegados que tienen diferente dilatación térmica) por efecto de la sobreintensidad que circula por los conductores y que al calentarse, se curva empujando los contactos para cambiarlos de posición.

El disparo del relé térmico se produce por:

- Falta de una fase.
- Circulación de una intensidad (sobreintensidad) superior a la nominal, durante un tiempo determinado.
- Incorrecto reglaje del dispositivo.
- Incorrecto dimensionado del dispositivo.

El relé térmico va unido normalmente a un contactor para, junto con los fusibles, formar un equipo denominado «guardamotor». Los interruptores automáticos de efecto magnetotérmico también incorporan un relé térmico.

2. Tablas aplicadas a relés térmicos en el circuito de potencia de motores trifásicos

Tabla 2.28. Valores de reglaje del relé térmico y fusibles en circuito para motores

Motor trifásico				3 Fusibles Clase aM		Relé térmico Zona de reglaje
220/230 V		380/400 V		Calibre	Talla	Intensidades
kW	In (A)	kW	In (A)	A	mm	A
1,1	4,4	2,2	5	8	10 × 38	4 a 6
1,5	6,1	3	6,6	12	10 × 38	5,5 a 8
2,2	8,7	4	8,5	12	10 × 38	7 a 10
3	11,5	5,5	11,5	16	10 × 38	9 a 13
4	14,5	7,5	15,5	20	10 × 38	12 a 18
—	—	9	18,5	25	10 × 38	17 a 25
5,5	20	11	22	25	10 × 38	17 a 25
7,5	27	15	30	40	14 × 51	23 a 32
10	35	18,5	37	40	14 × 51	30 a 40

Motor trifásico				3 Fusibles Clase aM		Relé térmico Zona de reglaje
220/230 V		380/400 V		Calibre	Talla	Intensidades
kW	In (A)	kW	In (A)	A	mm	A
11	39	—	—	63	22 × 58	37 a 50
—	—	22	44	63	22 × 58	37 a 50
15	52	25	52	63	22 × 58	48 a 65

Tabla 2.29. Reglaje del relé térmico para diferentes potencias del motor

Potencia del motor a:				Relé térmico tripolar	Potencia del motor a:				Relé térmico tripolar
220/230 V		380/400 V		Zona reglaje	220/230 V		380/400 V		Zona reglaje
kW	In (A)	kW	In (A)	A	kW	In (A)	kW	In (A)	A
—	—	0,37	1,03	1 a 1,6	—	—	9	18,5	17 a 25
—	—	0,55	1,6	1,25 a 2	5,5	20	11	22	17 a 25
0,37	1,8	0,75	2	1,6 a 2,5	7,5	27	15	30	23 a 32
0,75	3,5	1,5	3,5	2,5 a 4	10	35	18,5	37	30 a 40
1,1	4,4	2,2	5	4 a 6	—	—	22	44	37 a 50
1,5	6,1	3	6,6	5,5 a 8	15	52	25	52	48 a 65
2,2	8,7	4	8,5	7 a 10	18,5	64	30	60	55 a 70
3	11,5	5,5	11,5	9 a 13	22	75	37	72	63 a 80
4	14,5	7,5	15,5	12 a 18	25	85	51	98	80 a 93

Tabla 2.30. Clasificación de los relés térmicos en atención al tiempo de disparo

Tiempo de disparo				
Clase	1,05 Ir	1,2 Ir	1,5 Ir	7,2 Ir
10 A	> 2 h	< 2 h	< 2 min	2 s < Td < 10 s
10	> 2 h	< 2 h	< 4 min	4 s < Td < 10 s
20	> 2 h	< 2 h	< 8 min	6 s < Td < 20 s
30	> 2 h	< 2 h	< 12 min	9 s < Td < 30 s
Ir – Duración relativa del disparo. Td – Retardo de disparo.				

3. Retardo relativo del disparo ED

$$Tr = \frac{Tb}{Tb - Tst} \cdot 100\ [\%]$$

Tr – Duración relativa del disparo.

Tb – Tiempo de marcha [cargado].

Tst – Tiempo de disparo.

Tiempo con carga constante y pausa.

4. Ejemplo de aplicación de un relé térmico en el circuito de un motor

El relé térmico protege los circuitos y receptores contra sobreintensidades, también denominadas sobrecargas.

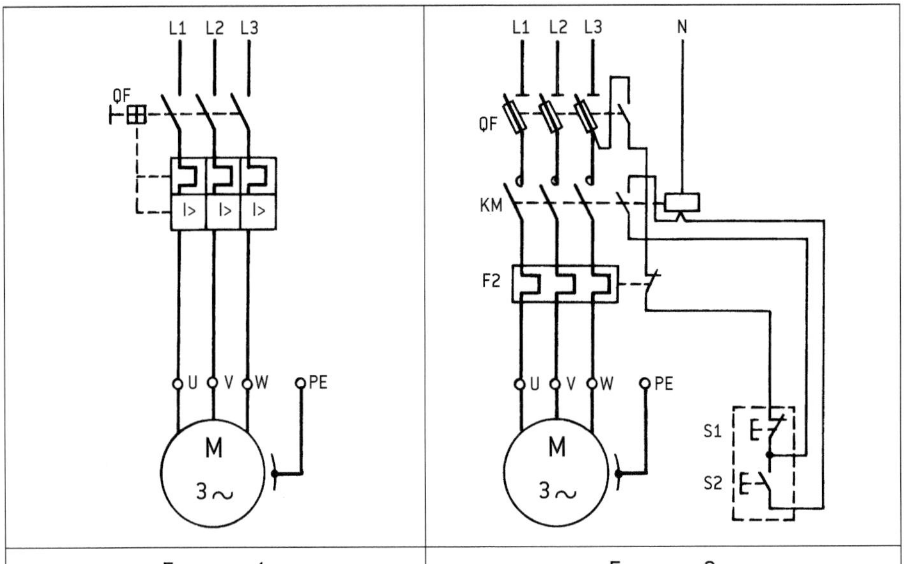

Figura 2.49. Aplicación de relés térmicos en instalaciones eléctricas.

Esquema 1. Arranque directo de un motor trifásico mediante un interruptor automático de efecto magnetotérmico. La parte térmica protege contra las sobrecargas que se pudieran dar en el motor. La parte magnética protege contra las corrientes de cortocircuito que se pudieran dar en el conjunto de la instalación. El accionamiento del interruptor es manual.

Esquema 2. Arranque directo de un motor mediante contactor pilotado por pulsadores [marcha-paro] y protección contra sobrecargas por medio de un relé térmico, y contra corrientes de cortocircuito por medio de fusibles.

2.9.9. Elementos de maniobra y protección asociados

La Tabla 2.31 y la Figura 2.50 muestran las características de una asociación de fusibles, contactor y relé térmico para el arranque de un motor trifásico.

Tabla 2.31. Reglaje del relé térmico en función de la potencia

Motor				**Relé térmico**	**Fusibles Clase aM**	
220/230 V		**380/400 V**		**Zona de reglaje**	**Calibre**	**Talla**
kW	**I (A)**	**kW**	**I (A)**	**A**	**A**	
1,1	4,4	2,2	5	4 a 6	8	10 × 38
1,5	6,1	3	6,6	5,5 a 8	12	10 × 38
2,2	8,7	4	8,5	7 a 10	12	10 × 38
3	11,5	5,5	11,5	9 a 13	16	10 × 38
4	14,5	7,5	15,5	12 a 18	20	10 × 38
—	—	9	18,5	17 a 25	25	10 × 38
5,5	20	11	22	17 a 25	25	10 × 38
7,5	27	15	30	23 a 32	40	14 × 51
10	35	18,5	37	30 a 40	40	14 × 51
11	39	—	—	37 a 50	63	22 × 58
—	—	22	44	37 a 50	63	22 × 58
15	52	25	52	48 a 65	63	22 × 58

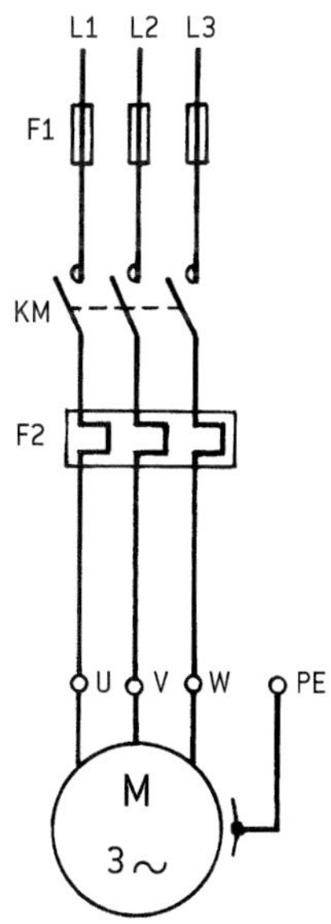

Figura 2.50. Esquema para el arranque de un motor por medio de un equipo guardamotor (fusibles-contactor-relé térmico).

2.9.10. Relés

Los relés electromagnéticos, al igual que los contactores, son interruptores accionados por electroimanes, lo que permite su integración en circuitos automatizados.

Se utilizan para pequeñas intensidades, siempre que sus contactos tengan suficiente poder de corte para las corrientes que deben interrumpir y conectar.

Se les denomina también relés auxiliares.

La Figura 2.51 muestra la representación de relés que pueden incorporar varios contactos abiertos y cerrados, los que convenga a la utilización.

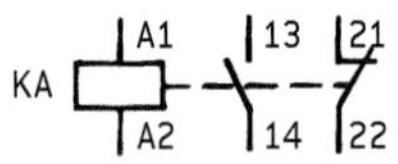	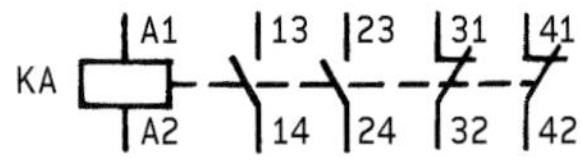
1. Relé con un contacto normalmente abierto (NA) y otro normalmente cerrado (NC) en reposo.	2. Relé con varios contactos abiertos y cerrados.

Figura 2.51. Ejemplos de relés con varios contactos.

Relés temporizadores

Los relés temporizadores cambian la posición de sus contactos según sean temporizados a la conexión o a la desconexión.

- Temporizados a la conexión: cambian la posición de sus contactos un tiempo después de haberse conectado el relé. Al desconectarse el relé, los contactos vuelven inmediatamente a la posición de reposo.
- Temporizados a la desconexión: cambian la posición de sus contactos en el momento de la conexión del relé y vuelven a la posición de reposo un tiempo después de haberse desconectado el relé.

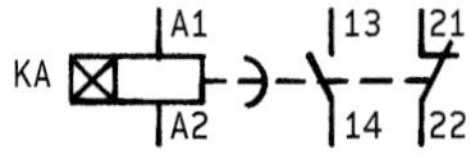	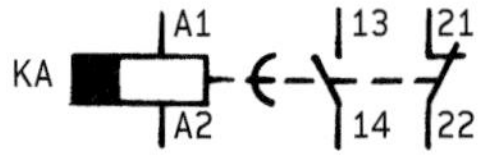
1. Relé temporizador a la conexión.	2. Relé temporizador a la desconexión.

Figura 2.52. Relés temporizadores.

Los relés también pueden ser dispositivos electrónicos que permiten el paso de la corriente o la cortan, según casos.

Función que realizan los siguientes elementos en un circuito eléctrico:

Analiza cada uno de estos elementos y determina su función en el circuito.

Como conclusión al estudio de todos dispositivos de maniobra y protección, trata de identificarlos con su esquema representativo y analiza sus características (tapa la respuesta antes de responder y comprobar).

	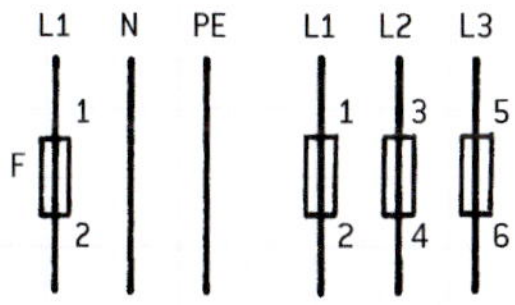	**1. FUSIBLES** Función: protección contra corrientes de cortocircuito. Se coloca al inicio de la instalación. Serán adecuados a la corriente y tensión del circuito. Se instalan en los conductores fase, nunca el neutro (N) y el conductor protección (PE). **Figura 2.53.** Fusible tipo cartucho cilíndrico.
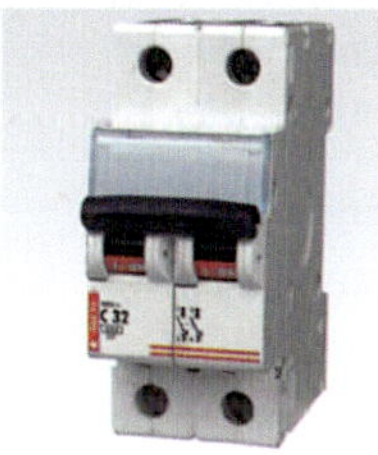	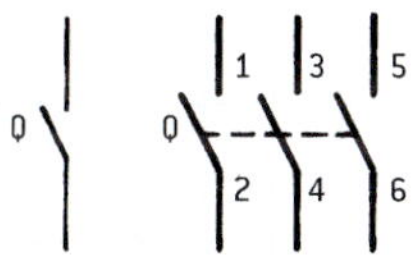	**2. INTERRUPTORES** Función: abrir y cerrar circuitos en vacío y en carga. Tienen poder de cierre y de corte (PdC) para efectuar maniobras en carga. **Figura 2.54.** Interruptor bipolar.
	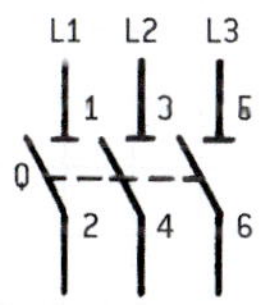	**3. SECCIONADOR** Función: cerrar y abrir circuitos en vacío para ponerlos en servicio o dejarlos fuera de servicio. No tiene PdC para cerrar o abrir circuitos en carga. **Figura 2.55.** Seccionador tripolar.
	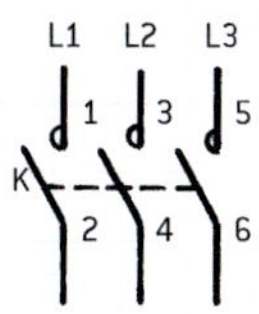	**4. CONTACTOR** Función: conectar y desconectar circuitos. Hace la función de un interruptor, con la particularidad de que es accionado por un electroimán mandado a distancia. Se pueden incorporar a procesos automatizados. Puede conectar y desconectar circuitos en carga. **Figura 2.56.** Contactor tripolar.

	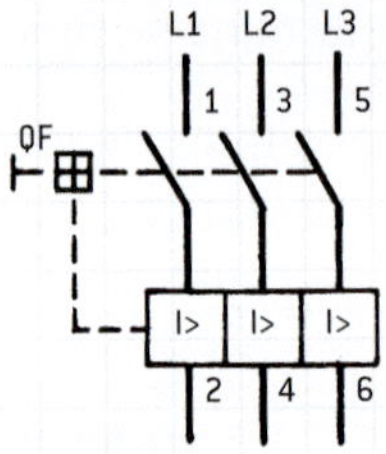	**5. INTERRUPTOR MAGNÉTICO** Función: protege el circuito en el que está instalado contra corrientes de cortocircuito. Puede conectar y desconectar circuitos en carga. Hace la función de los fusibles. **Figura 2.57.** Interruptor magnético monofásico.
	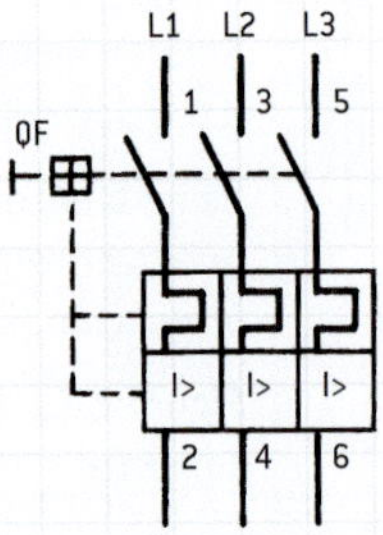	**6. INTERRUPTOR MAGNETOTÉRMICO** Función: protege el circuito en el que está instalado contra corrientes de cortocircuito y sobrecargas (sobreintensidades). Puede conectar y desconectar circuitos en carga. Hace la función de los fusibles y el relé térmico. **Figura 2.58.** Interruptor magnetotérmico bipolar.
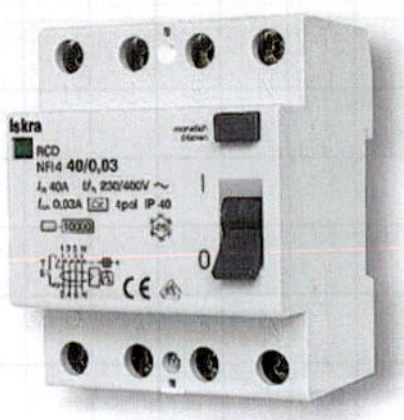	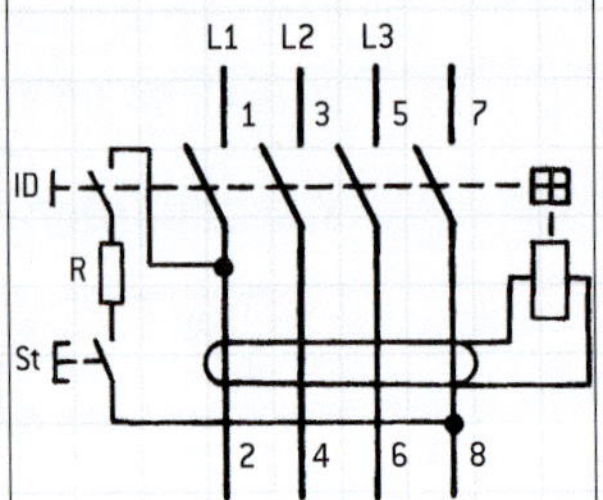	**7. INTERRUPTOR DIFERENCIAL** Función: desconectar el circuito en el que están instalados contra las corrientes derivadas a tierra, cuando un conductor activo entra en contacto con una masa conductora. Protección de las personas contra los contactos indirectos. No es un aparato de maniobra (conexión y desconexión de circuitos). **Figura 2.59.** Interruptor diferencial tetrapolar (tres fases y neutro).
	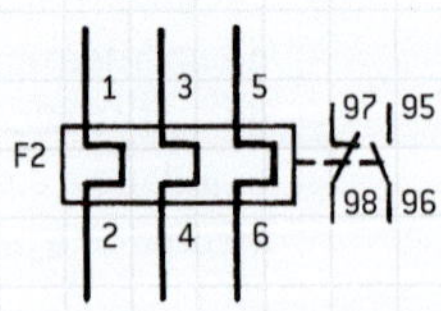	**8. RELÉ TÉRMICO** Función: protege el circuito en el que está instalado contra sobrecargas (sobreintensidades). Se utiliza preferentemente en circuitos de arranque de motores eléctricos, junto con los fusibles que forman el llamado conjunto «guardamotor». **Figura 2.60.** Relé térmico tripolar.

Responde a las siguientes preguntas:

a) ¿Qué se entiende por sobreintensidad?

b) ¿Qué se entiende por corriente de cortocircuito?

c) ¿Qué aparatos protegen contra corrientes de cortocircuito?

d) ¿Qué es un contacto directo?

e) ¿Qué es un contacto indirecto?

f) ¿Qué aparato protege contra las corrientes derivadas a masa?

2.9.11. Armarios eléctricos

Los armarios eléctricos recogen los aparatos eléctricos, conductores, borneros, elementos de maniobra y señalización.

Los armarios estarán protegidos contra los agentes exteriores, como son el polvo y el agua (grado de protección IP). Su construcción puede hacerse en materia plástica, acero al carbono y acero inoxidable, y su cierre será hermético cuando así convenga a los aparatos que almacena.

Se fijan a la pared, a la estructura de las máquinas o sobre soportes.

Estarán protegidos contra impactos metálicos con defensas apropiadas cuando haya riesgo de golpes (protección IK).

Figura 2.61. Armarios eléctricos.

2.9.12. Describir los métodos y procedimientos para desplazar los equipos

Los equipos eléctricos se montan en talleres y se suministran por lo general dentro de cajas, con el grado de protección (IP) que le corresponda por el lugar donde van a ser implantados. Algunos de estos equipos pueden tener dispositivos sensibles a golpes, vibraciones, temperatura, humedad, etc., por lo que habrá que preservarlos de estos riesgos.

Para desplazar equipos eléctricos se seguirán los siguientes consejos:

- Embalar correctamente los materiales.

  En algunos casos, se bloquean elementos móviles de los aparatos, bloqueo que habrá que retirar antes de su puesta en servicio.

- Manipularlos con cuidado.
- Poner marcas sobre el cuidado que se deba tener con estos materiales en los casos que proceda (posición, protección contra agua, humedad, golpes, vibraciones, etcétera).
- Transportarlos con el cuidado que precisen.
- Almacenarlos en lugar adecuado en espera de su instalación definitiva.
- En el momento en que vayan a ser instalados, moverlos con cuidado.
- Cuando se realice la conexión de los materiales o antes de su puesta en tensión, verificar todos los elementos del equipo para asegurarnos de que están en correctas condiciones de funcionamiento y ajustar, reparar o sustituir los elementos que hayan podido sufrir algún deterioro.

2.10. CANALIZACIONES Y CONDUCCIONES

Para el estudio de las canalizaciones eléctricas, se debe consultar la instrucción ITC-BT-21 del REBT, que trata sobre instalaciones interiores o receptoras, tubos y canalizaciones protectoras.

ITC-BT-21	INSTALACIONES INTERIORES O RECEPTORAS. TUBOS Y CANALES PROTECTORAS
1. Tubos protectores 1.1. Generalidades 1.2. Características mínimas de los tubos, en función del tipo de instalación 1.2.1. Tubos en canalizaciones fijas en superficie 1.2.2. Tubos en canalizaciones empotradas 1.2.3. Canalizaciones aéreas o con tubos al aire 1.2.4. Tubos en canalizaciones enterradas	

ITC-BT-21	INSTALACIONES INTERIORES O RECEPTORAS. TUBOS Y CANALES PROTECTORAS

2. Instalación y colocación de los tubos
- 2.1. Prescripciones generales
- 2.2. Montaje fijo en superficie
- 2.3. Montaje fijo empotrado
- 2.4. Montaje al aire

3. Canales protectoras
- 3.1. Generalidades
- 3.2. Características de las canales

4. Instalación y colocación de las canales
- 4.1. Prescripciones generales

1. Tubos protectores

1.1. Generalidades

Los tubos protectores pueden ser:

- Tubo y accesorios metálicos.
- Tubo y accesorios no metálicos.
- Tubo y accesorios compuestos (constituidos por materiales metálicos y no metálicos).

Los tubos se clasifican según lo dispuesto en las normas siguientes:

UNE-EN 50.086-2-1: Sistemas de tubos rígidos.

UNE-EN 50.086-2-2: Sistemas de tubos curvables.

UNE-EN 50.086-2-3: Sistemas de tubos flexibles.

UNE-EN 50.086-2-4: Sistemas de tubos enterrados.

Las características de protección de la unión entre el tubo y sus accesorios no deben ser inferiores a los declarados para el sistema de tubos.

La superficie interior de los tubos no deberá presentar en ningún punto aristas, asperezas o fisuras susceptibles de dañar los conductores o cables aislados o de causar heridas a instaladores o usuarios.

Las dimensiones de los tubos no enterrados y con unión roscada utilizados en las instalaciones eléctricas son las que se prescriben en la UNE-EN 60.423. Para los tubos enterrados, las dimensiones se corresponden con las indicadas en la norma UNE-EN 50.086-2-4. Para el resto de los tubos, las dimensiones serán las establecidas en la norma correspondiente de las citadas anteriormente. La denominación se realizará en función del diámetro exterior.

El diámetro interior mínimo deberá ser declarado por el fabricante.

En lo relativo a la resistencia a los efectos del fuego considerados en la norma particular para cada tipo de tubo, se seguirá lo establecido por la aplicación de la Directiva de Productos de la Construcción (89/106/CEE).

La ITC-BT-20: Instalaciones interiores o receptoras. Sistemas de instalación, en sus puntos 2.2.10 y 3, también se trata sobre las canalizaciones y elementos de construcción.

2.2.10. Canalizaciones eléctricas prefabricadas

3. Paso a través de elementos de la construcción

En la ITC-BT-01 se definen varios conceptos sobre las canalizaciones eléctricas, como son:

- **Canal.** Recinto situado bajo el nivel del suelo o piso y cuyas dimensiones no permiten circular por él y que, en caso de ser cerrado, debe permitir el acceso a los cables en toda su longitud.
- **Canalización amovible.** Canalización que puede ser quitada fácilmente.
- **Canalización eléctrica.** Conjunto constituido por uno o varios conductores eléctricos y los elementos que aseguran su fijación y, en su caso, su protección mecánica.
- **Canalización fija.** Canalización instalada en forma inamovible, que no puede ser desplazada.
- **Canalización movible.** Canalización que puede ser desplazada durante su utilización.
- **Canal moldura.** Variedad de canal de paredes llenas, de pequeñas dimensiones, conteniendo uno o varios alojamientos para conductores.
- **Canal protectora.** Material de instalación constituido por un perfil, de paredes llenas o perforadas, destinado a contener conductores y otros componentes eléctricos y cerrado por una tapa desmontable.
- **Conductos.** El REBT define como conducto: a una envolvente cerrada destinada a alojar conductores aislados o cables en las instalaciones eléctricas, y que permiten su reemplazamiento por tracción.

2.11. TIPOS DE CONDUCTORES

La ITC-BT-01 hace las siguientes definiciones de los conductores:

Conductor de un cable	Parte de un cable que tiene la función específica de conducir corriente.
Conductor aislado	Conjunto que incluye el conductor, su aislamiento y sus eventuales pantallas.
Conductor equipotencial	Conductor de protección que asegura una conexión equipotencial.
Conductor flexible	Conductor constituido por alambres suficientemente finos y reunidos de forma que puedan utilizarse como un cable flexible.
Conductor de protección (CP o PE)	Conductor requerido en ciertas medidas de protección contra choques eléctricos y que conecta alguna de las siguientes partes: • Masas. • Elementos conductores. • Borne principal de tierra. • Toma de tierra. • Punto de la fuente de alimentación unida a tierra o a un neutro artificial.
Conductor neutro	Conductor conectado al punto de una red y capaz de contribuir al transporte de energía eléctrica.
Conductor CPN o PEN	Conductor puesto a tierra que asegura, al mismo tiempo, las funciones de conductor de protección y de conductor neutro.
Conductores activos	Se consideran como conductores activos en toda instalación los destinados normalmente a la transmisión de la energía eléctrica. Esta consideración se aplica a los conductores de fase y al conductor neutro en corriente alterna y a los conductores y al compensador en corriente continua.

2.11.1. Clasificación de los conductores

En un circuito eléctrico encontramos diversos tipos de conductores, según sea su cometido y según sea su fabricación, especialmente en lo que se refiere a su aislamiento.

Se denominan conductores activos, los destinados normalmente a la transmisión de la energía eléctrica. Esta consideración se aplica a los conductores de fase y al conductor neutro en corriente alterna y a los conductores polares y al compensador en corriente continua.

Otro conductor muy importante es el conductor de protección o puesta a tierra y en algunos circuitos el conductor equipotencial.

1. Por sus características

➤ a) Por su función

- Cables para el transporte de energía.
- Cables de control y transmisión de señales codificadas.

➤ b) Por su tensión de servicio

- De muy baja tensión (menos de 50 V).
- Baja tensión (más de 50 V y hasta 1,1 kV).
- Media tensión (más de 1,1 kV hasta 35 kV).
- Alta tensión (más de 35 kV hasta 150 kV).
- Muy alta tensión (por encima de 150 kV).

➤ c) Por la naturaleza de sus componentes

- Con conductores de cobre o aluminio, también almelec.
- Aislados con plástico, goma o papel impregnado.
- Armados, apantallados, etcétera.

➤ d) Por sus aplicaciones específicas

- Para instalaciones interiores en edificios.
- Para redes de distribución de energía en urbanas o rurales.
- De señalización, telefonía, radiofrecuencia, etcétera.
- Para minas, construcción naval, ferrocarriles, etcétera.

2. Conductores y cables

- El conductor aislado lleva una capa aislante.

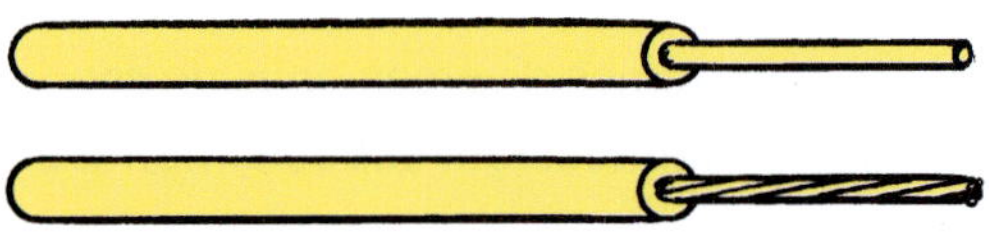

Figura 2.62. Conductores rígido y flexible.

- El conductor cable[3] lleva como mínimo una capa aislante sobre el conductor y otra exterior de protección.

[3] Aunque todos sean conductores, los cables con uno o varios conductores tienen aislamiento especial.

Pueden ser:

— Cables unifilares.

— Cables multifilares.

Figura 2.63. Cables multifilares.

Figura 2.64. Conductores y cables eléctricos.

3. Características del aislamiento

Tabla 2.32. Propiedades que debe reunir el aislamiento de un conductor o de un cable

a) Propiedades eléctricas	b) Propiedades físicas y químicas	c) Propiedades mecánicas
• Fuerte resistividad. • Reducida pérdida dieléctrica. • Elevada rigidez dieléctrica.	• Buena resistencia al calor y al frío. • Resistencia a la oxidación. • Resistencia al fuego y al desprendimiento de gases nocivos. • Resistencia a la humedad. • Resistencia al envejecimiento.	• Resistente a la tracción. • Resistente a la flexión. • Resistente a la torsión.

➤ Materiales empleados como aislantes

Los principales materiales aislantes empleados son:

XLPE: *Polietileno reticulado*. Temperatura máxima en el conductor 90 °C, en servicio permanente, en instalación enterrada.

EPL: *Etileno propileno*. Temperatura máxima en el conductor 90 °C, en servicio permanente, en instalación enterrada.

PVC: *Policloruro de vinilo*. Temperatura máxima en el conductor 70 °C, en servicio permanente, en instalación enterrada.

2.11.2. Identificación de los conductores

Los conductores se identifican [marcan] de acuerdo con una normalización establecida, que nos permite conocer sus características con vistas a su utilización, como podemos ver en las Tablas 2.33 y 2.34.

Tabla 2.33. Designación de los conductores eléctricos por sus características[4]

Concepto	Símbolo	Características
Estado de armonización	H	Cable tipo armonizado.
	ES o ES-N	Cable tipo nacional.
	A	Cable tipo nacional autorizado por CENELEC.
Tensión asignada	01	Uo/U: 100/100 V.
	03	Uo/U: 300/300 V.
	05	Uo/U: 300/500 V.
	07	Uo/U: 450/750 V.
Tipo de aislamiento	V	Policloruro de vinilo [PCV].
	V2	Mezcla de PVC [servicio a 90 °C].
	V3	Mezcla de PVC [servicio a baja temperatura].
	V4	PVC reticulado.
	B	Goma de etileno propileno.
	E	Polietileno.
	R	Polietileno reticulado.
	D	Etileno propileno.
	S	Goma de silicona.
Cubierta	V	Policloruro de vinilo [PCV].
	V2	Mezcla de PVC [servicio a 90 °C].
	V3	Mezcla de PVC [servicio a baja temperatura].
	V4	PVC reticulado.
	B	Goma de etileno propileno.
	G	Etilenoacetato de vinilo.
	N	Policloropreno.
	N8	Poliuretano resistente al agua.
	Q	Poliuretano.
	R	Goma de estirenobutadieno.
	S	Goma de silicona.
	Z	Mezcla libre de halógenos reticulada.
		Mezcla libre de halógenos termoplástica.

4 Según Facel [Asociación Española de Fabricantes de Cables y Conductores Eléctricos y de fibra óptica].

Concepto	Símbolo	Características
Forma del conductor (separado por un guion)	–U	Rígido circular de un solo alambre (clase 1).
	–R	Rígido circular de varios alambres (clase 2).
	–F	Flexible para servicios móviles.
	–H	Extraflexible (clase 6).
	–K	Flexible para instalación fija (clase 5).
	–D	Flexible para utilizar en máquinas de soldar.
	–E	Muy flexible para utilizar en máquinas de soldar.
Número de conductores y sección	Nº	Número de conductores.
	G	Con amarillo/verde.
	X	Sin amarillo/verde.
	mm^2	Sección nominal.
Resistencia al fuego	AS	No propagador de la llama, ni incendios, con baja emisión de humos, libre de halógenos + corrosividad de gases.
	AS+	Además de cumplir las AS debe ser resistente al fuego.
Conforme a UNE 21031, UNE 21027 y UNE 21102.		

Tabla 2.34. Ejemplos de denominación de cables normalizados

Cable: H 05 VV–F 3 G 2,5	
H	Es un conductor fabricado según normas armonizadas.
05	De tensión asignada 300/500 voltios.
V	Con aislamiento de PVC.
V	Con cubierta de PVC.
–F	Flexible para servicios móviles.
5G	5 conductores (verde-amarillo, marrón, negro, gris y azul).
2,5	Conductores de 2,5 mm^2 de sección.
Cable: ES05VV-F 4G0'75	
ES	Es un conductor fabricado según norma nacional.
05	De tensión asignada 300/500 voltios.
V	Con aislamiento de PVC.
V	Con cubierta de PVC.
–F	Flexible para servicios móviles.
4G	4 conductores (uno de ellos verde-amarillo).
0,75	Conductores de 0,75 mm^2 de sección.

2.11.3. Características fundamentales del cobre y aluminio

La Tabla 2.35 recoge las principales características de los metales cobre y aluminio, que son los más empleados en la fabricación de conductores eléctricos.

Tabla 2.35. Características del cobre y aluminio como materiales de conductores

Características	Unidad	Cobre	Aluminio
Símbolo químico	—	Cu	Al
Calidad Designación UNE	—	Cu-ETP	Al 99,5 E
Estado	—	Recocido	¾ duro
Carga de rotura	N/mm^2	200-300	120-165
Alargamiento a la rotura	%	25-30	1,5-3
Módulo de elasticidad	daN/mm^2	13 000	6000
Densidad	kg/dm^3	8,89	2,7
Resistividad a 20 °C	$\Omega \cdot mm^2/m$	0,017241	0,028264
Conductividad	% IACS	100	61
Coeficiente de temperatura	K^{-1}	0,00393	0,00403
Coeficiente dilatación lineal	K^{-1}	$17 \cdot 10^{-6}$	$23 \cdot 10^{-6}$
Calor específico	J/g K	0,385	0,921
Conductividad térmica	W/cm K	3,893	2,218

Tabla 2.36. Clase de los conductores en función de la sección de sus hilos[5]

Sección mm^2	Clase 1	Clase 2	Clase 3	Clase 4	Clase 5	Clase 6
10	1 × 3,57	7 × 1,35	12 × 1,04	49 × 0,50	80 × 0,40	324 × 0,24

Nota: un conductor de clase 6 es muy flexible porque está constituido por muchos hilos. A más número de hilos, mayor flexibilidad.

Tabla 2.37. Dimensiones, peso y resistencia de conductores (valores orientativos)

Sección nominal	Espesor del aislamiento	Diámetro exterior	Peso total	Resistencia del conductor a 20 °C
mm^2	mm	mm	kg/km	Ω/km
1 × 0,5	0,6	2,1	9	39
1 × 0,75	0,6	2,3	11	26,5

[5] 1 × 3,57 = 1 conductor de diámetro 3,57 mm ($S = 0{,}785 \cdot d^2 = 0{,}785 \times 3{,}57^2 = 10\ mm^2$).

Sección nominal	Espesor del aislamiento	Diámetro exterior	Peso total	Resistencia del conductor a 20 °C
mm^2	mm	mm	kg/km	Ω/km
1 × 1	0,6	2,8	14	19,5
1 × 1,5	0,7	3,4	20	13,3
1 × 2,5	0,8	4,1	32	7,98
1 × 4	0,8	4,8	46	4,95
1 × 6	0,8	5,3	65	3,30
1 × 10	1,0	6,8	111	1,91
1 × 16	1,0	8,1	164	1,21
1 × 25	1,2	10,2	255	0,78
1 × 35	1,2	11,7	351	0,554
1 × 50	1,4	13,9	520	0,386
1 × 70	1,4	16	700	0,272
1 × 95	1,6	18,2	920	0,206
1 × 120	1,6	20,2	1130	0,161
1 × 150	1,8	22,5	1410	0,127
1 × 185	2,0	24,6	1770	0,106
1 × 240	2,2	28,4	2300	0,0801

2.11.4. Secciones normalizadas para conductores

Tabla 2.38. Secciones normalizadas de conductores

Sección mm^2										
0,5	0,75	1	1,5	2,5	4	6	10	16	25	35
50	70	95	120	150	185	240	300	400	500	600

1. Cálculo de la sección y peso de conductores con sección circular

a) Cálculo de la sección (*S*)

$$(1)\ S = \pi \cdot r^2;\ r = \frac{d}{2}$$

$$(2)\ S = \pi \cdot \left(\frac{d}{2}\right)^2 = \pi \cdot \frac{d^2}{2};\ \frac{\pi}{4} = 0{,}875$$

$$(3)\ S = 0{,}875 \cdot d^2$$

Nota: las tres fórmulas son válidas para calcular la sección de la mayoría de los conductores que tienen sección circular.

b) Cálculo del volumen (*V*)

$$V = S \cdot L \text{ (Sección × Longitud)}$$

Si la sección se da en milímetros cuadrados (mm^2) y la longitud en metros (m), para que el volumen se dé en decímetros cúbicos (dm^3), esta sería la fórmula que aplicar:

$$S = \frac{mm^2}{10\,000} \ (dm^3)$$

$$L = (m \cdot 10) \ (dm)$$

$$V = \frac{mm^2}{10\,000} \cdot (m \cdot 10) = \frac{mm^2}{1000} \cdot m = \frac{S}{1000} \cdot L \ (dm^3)$$

S – Sección, en mm^2.

L – Longitud, en m.

c) Peso del material de un conductor (*P*)

$$\boldsymbol{P = V \cdot \delta} \text{ (Volumen × Densidad)}$$

V – Volumen, en dm^3.

δ – Densidad, en kg/dm^3.

2. Ejemplo de aplicación

Para un conductor de 4 mm^2 de sección y 150 m de longitud, determinar su peso si el material es cobre.

$$\text{Volumen: } V = \frac{S}{1000} \cdot L = \frac{4}{1000} \times 150 = 0{,}6 \ dm^3$$

Densidad del cobre: $\delta = 8{,}89 \ kg/dm^3$

$$\text{Peso: } P = V \cdot \delta = 0{,}6 \times 8{,}89 = 5{,}334 \ kg$$

2.11.5. Colores con los que se identifican los conductores

Para distinguir los conductores dentro de una canalización o en el cable, se identifican de dos formas diferentes:

- Por el color de su aislamiento.
- Por la marca que se le coloca al conductor.

Cuando se trata de líneas simples, lo normal es hacer la identificación de los conductores por el color de su aislamiento, como se muestra en la Tabla 2.39.

Tabla 2.39. Color del aislamiento de conductores para líneas monofásicas y trifásicas

Circuito	Conductores	Denominación de los conductores	Color del aislamiento
Línea monofásica sin conductor de protección	L N	Fase Neutro	Marrón o negro Azul
Línea monofásica con conductor de protección	L N PE	Fase Neutro Conductor de protección	Marrón o negro Azul Verde-amarillo
Línea trifásica	L1 L2 L3	Fase 1 Fase 2 Fase 3	Marrón Negro Gris
Línea trifásica con neutro	L1 L2 L3 N	Fase 1 Fase 2 Fase 3 Neutro	Marrón Negro Gris Azul
Línea trifásica con neutro y conductor de protección	L1 L2 L3 N PE	Fase 1 Fase 2 Fase 3 Neutro Conductor de protección	Marrón Negro Gris Azul Verde-amarillo

Cuando hay muchos conductores en una instalación, no es posible identificar los conductores por el color del aislamiento, en este caso se recurre al marcado o identificación de los conductores de acuerdo con las marcas que le corresponden en el cuaderno de conexiones.

En la práctica, se marcan las mangueras, los cables y los conductores, identificando con claridad el aparato que les corresponde. Como es lógico, irán marcados los aparatos y sus contactos.

Figura 2.65. Ejemplo de marcado de conductores.

2.11.6. Corriente admisible en conductores eléctricos

La corriente admisible (Iz) de una conducción, depende de:

- De la sección de los conductores.
- Del aislamiento de los conductores.
- De la composición de los cables.
- Si están al aire o enterrados.
- Si están sobre bandejas o en canalizaciones.
- Si están dentro de una envolvente.
- De su colocación y proximidad a otros conductores.
- De la temperatura ambiente.

Tabla 2.40. Intensidad admisible (aproximada) en función de la sección del conductor e intensidad del interruptor de protección

Sección del conductor mm^2 (cobre)	Intensidad admisible (aproximada)	Intensidad nominal del interruptor de protección
1,5	10 A	16 A
2,5	16 A	20 A
4	20 A	25 A
6	32 A	40 A
10	50 A	63 A
16	63 A	80 A
25	80 A	100 A
35	100 A	125 A

2.11.7. Caídas de tensión admisibles en % según el REBT

La instrucción ITC-BT-19 en su apartado 2.2.2 indica que las caídas de tensión admisibles en instalaciones de enlace e instalaciones interiores o receptoras serán las indicadas en los correspondientes esquemas.

Otras caídas de tensión

a) Caídas de tensión en instalaciones de baja tensión

Según la instrucción ITC-BT-36, punto 2.2, la caída de tensión entre la fuente de energía y los puntos de utilización no será superior al 5 %.

b) Caída de tensión en instalaciones generadoras de baja tensión

Según la instrucción ITC-BT-40, punto 5, la caída de tensión entre el generador y el punto de interconexión a la red de distribución pública o a la instalación interior no será superior al 1,5 % para la tensión nominal.

➤ c) Caídas de tensión en redes de distribución

La caída de tensión admisible en las redes de distribución viene reflejada en el artículo 104 del Real Decreto 1955/2000, que regula las actividades de transporte, distribución, comercialización y autorización de instalaciones de energía eléctrica, y en el punto 3 se lee: «Los límites máximos de variación de la tensión de alimentación a los consumidores finales serán de ± 7 % de la tensión de alimentación declarada», es decir, la tensión que medir en el comienzo de la instalación de enlace (caja general de protección, bases tripolares verticales, caja de protección y medidas) debe permanecer en los límites del ± 7 %.

➤ d) Valores de suministro de la tensión monofásica y trifásica

Teniendo en cuenta las caídas de tensión límite admitidas en redes de distribución, las tensiones de suministro deberán estar comprendidas entre los valores que se indican a continuación.

- En suministros ***monofásicos*** a ***230 V***, la medida debe estar entre los valores de:

U: 213,9 *V* y 246,1 V

- En suministros ***trifásicos*** a ***400 V***, la medida debe estar entre los valores de:

U: 372 *V* y 428 V

Tabla 2.41. Caídas de tensión normalizadas

Parte de la instalación	Para alimentar a:	Caída de tensión máxima % de suministro
LGA Línea general de alimentación	Suministro de un único usuario	[6]
	Contadores totalmente centralizados	0,5 %
	Centralizaciones parciales de contadores	1 %
DI Derivación individual	Suministro de un único usuario	1,5 %
	Contadores totalmente centralizados	1 %
	Centralizaciones parciales de contadores	0,5 %
Circuitos interiores	Circuitos interiores de viviendas	3 %
	Circuito de alumbrado que no sean viviendas	3 %
	Circuitos de fuerza que no sean viviendas	5 %

6 Para un único usuario, no hay LGA.

2.12. SECCIÓN DE CONDUCTORES

La sección de los conductores es determinante de cara a garantizar un correcto suministro de tensión a los receptores y a que no se produzcan más caídas de tensión que las autorizadas, así como que los conductores no se calienten y se perjudique su aislamiento y se pueda dar lugar a que se produzca un accidente (incendios).

2.12.1. Sección del conductor neutro (N) en líneas trifásicas con neutro

Dependiendo del número de conductores con que se haga la distribución, la sección mínima del conductor neutro será:

a) Con dos o tres conductores: igual a la de los conductores de fase.

b) Con cuatro conductores, la sección del neutro será como mínimo la de la Tabla 2.42.

Tabla 2.42. Sección mínima del conductor neutro en función de la sección de los conductores de fase

Conductores de fase (L1-L2-L3) (mm^2)	Sección del conductor neutro (mm^2)[7]
6 (Cu)	6
10 (Cu)	10
16 (Cu)	10
16 (Al)	16
25	16
35	16
50	25
70	35
95	50
120	70
150	70
185	95
240	120
300	150
400	185

Nota: en líneas monofásicas (fase y neutro) la sección del conductor neutro será siempre la misma que la del conductor de fase.

[7] La sección reducida del neutro solo es admisible para circuitos bien equilibrados y exentos de armónicos. En caso contrario, la sección del neutro debería ser igual a la de los conductores de fase e incluso superior.

2.12.2. Sección del conductor de protección (PE)

Se aplicará lo indicado en la norma UNE 20460-5-54 en su apartado 543. Como ejemplo, para los conductores de protección que estén constituidos por el mismo metal que los conductores de fase o polares tendrán una sección mínima igual a la fijada en la tabla, en función de la sección de los conductores de fase o polares de la instalación; en caso de que sea distinto material, la sección se determinará de forma que presente una conductividad equivalente a la que resulta de aplicar la tabla.

Tabla 2.43. Sección para el conductor de protección en función de la sección de los conductores de fase o polares

Secciones de los conductores de la fase o polares de la instalación (mm²)	Secciones mínimas de los conductores de protección (mm²)
$S \leq 16$	S (*)
$16 < S \leq 35$	16
$S > 35$	S/2

(*) Con un mínimo de:

- 2,5 mm² si los conductores de protección no forman parte de la canalización de alimentación y tienen una protección mecánica.
- 4 mm² si los conductores de protección no forman parte de la canalización de alimentación y no tienen una protección mecánica.

Revisión de las tomas de tierra, la revisión se hará de acuerdo con lo señalado en el REBT.

2.12.3. Fórmulas para calcular la sección de los conductores

Para el cálculo de las secciones de los conductores eléctricos, hay que tener en cuenta varios factores que repercuten en el resultado y, por tanto, en la sección final.

1. Factores que intervienen en el cálculo de un conductor

Para el cálculo de un conductor se tendrán en cuenta diversos factores, como son:

➤ a) Intensidad de la corriente que circula por el conductor

Será igual o inferior a la intensidad máxima admitida por el conductor de que se trate.

b) Material del conductor

Los conductores, generalmente, están fabricados en material cobre o aluminio o en una variante del aluminio que es el almelec.

Cada material tiene características que les son propias, como es el de su resistividad (ρ) a 20 °C.

- Cobre: $\rho_{cu} = 0{,}0172\ \Omega \cdot mm^2/m$
- Aluminio: $\rho_{al} = 0{,}028\ \Omega \cdot mm^2/m$
- Almelec[8]: $\rho_{alm} = 0{,}032\ \Omega \cdot mm^2/m$

c) Caída de tensión admitida para los conductores de que se traten

La caída de tensión estará comprendida entre 0,5 y 5 %, dependiendo del tipo de línea.

d) Intensidad de cortocircuito

Junto con el tiempo de duración del cortocircuito la intensidad de cortocircuito (Icc) determina la temperatura que soporta el cable.

e) Tensión admitida por el aislamiento

Para cada conductor se indica el valor de su tensión máxima de servicio (ejemplo: tensión nominal 0,6/1 kV).

f) Otros valores que intervienen en el cálculo de la sección de los conductores

- Longitud de la línea o conductor (L).
- Factor de potencia ($\cos \varphi$).
- Tipo de red: monofásica o trifásica.

2. Cálculo de la sección para derivaciones cortas

Tabla 2.44. Fórmulas para calcular la sección de los conductores en función de la potencia

1. Sección para circuito monofásico en derivaciones cortas	
$S = \dfrac{2 \cdot P \cdot L}{\gamma \cdot e \cdot U}\ (mm^2)$	
2. Sección para circuito trifásico en derivaciones cortas	
$S = \dfrac{P \cdot L}{\gamma \cdot e \cdot U}\ (mm^2)$	
P – Potencia, en vatios (W). L – Longitud de la línea, en metros (m). γ – Conductividad, en m/Ω · mm².	e – Caída de tensión, en voltios (V). U – Tensión de la red, en voltios (V).

[8] Aleación de aluminio-magnesio-silicio.

Tabla 2.45. Fórmulas para calcular la sección de los conductores en función de la intensidad

1. Sección para circuito monofásico en derivaciones cortas	
$S = \dfrac{2 \cdot L \cdot I \cdot \cos\varphi}{\gamma \cdot e}$ (mm²)	
2. Sección para circuito trifásico en derivaciones cortas	
$S = \dfrac{\sqrt{3} \cdot L \cdot I \cdot \cos\varphi}{\gamma \cdot e}$ (mm²)	
S – Sección, en mm². L – Longitud de la línea, en metros (m). γ – Conductividad, en m/Ω · mm².	e – Caída de tensión, en voltios (V). I – Intensidad de corriente, en amperios (A).

3. Ejemplos de aplicación

a) Determinar la sección de los conductores que alimentan un receptor que se conecta a una red monofásica, cuyos datos son:

Potencia ....$P = 2000$ W

Tensión de la red.......................................$U = 230$ V

Caída de tensión.....................................$e_1 = 1,5$ %

Longitud de la línea ....$L = 20$ m

Material de los conductores................cobre (Cu)

Cálculo:

- Caída de tensión (e)

$$e = \frac{U \cdot \%}{100} = \frac{230 \times 1,5}{100} = 3,45 \text{ V}$$

- Conductividad del conductor de cobre (γ_{cu})

$$\gamma_{cu} = \frac{1}{0,0172} = 58$$

- Sección de los conductores (S)

$$S = \frac{2 \cdot P \cdot L}{\gamma_{cu} \cdot e \cdot U} = \frac{2 \times 2000 \times 20}{58 \times 3,45 \times 2,30} = 1,73 \text{ mm}^2$$

La sección normalizada más próxima a 1,73 mm² es de 2,5 mm², por lo que se elegirán conductores de 2,5 mm² para alimentar al receptor.

Nota: los tres conductores (fase, neutro y conductor de protección) tendrán la misma sección.

b) Determinar la sección para el mismo receptor del ejemplo anterior, suponiendo que el conductor fuera de material aluminio.

Cálculo:

- Caída de tensión (e)

$$e = \frac{U \cdot \%}{100} = \frac{230 \times 1,5}{100} = 3,45 \text{ V}$$

- Conductividad del conductor de aluminio (γ_{al})

$$\gamma_{al} = \frac{1}{0,028} = 36$$

- Sección de los conductores (S)

$$S = \frac{2 \cdot P \cdot L}{\gamma_{al} \cdot e \cdot U} = \frac{2 \times 2000 \times 20}{36 \times 3,45 \times 2,30} = 2,80 \text{ mm}^2$$

Podemos elegir por defecto, la sección normalizada de 2,5 mm^2, o de 4 mm^2, que es la siguiente por exceso.

c) Determinar la sección de los conductores que alimentan a un receptor trifásico de las características siguientes:

Potencia .... $P = 4000$ W

Tensión de la red .... $U = 400$ V

Caída de tensión .... $e_1 = 2$ %

Longitud de la línea .... $L = 40$ m

Cálculo:

- Caída de tensión (e)

$$e = \frac{U \cdot \%}{100} = \frac{400 \times 2}{100} = 8 \text{ V}$$

- Conductividad del conductor de cobre (γ_{cu})

Según la Tabla 2.46; $\gamma_{cu} = 56$

- Sección de los conductores (S)

$$S = \frac{P \cdot L}{\gamma \cdot e \cdot U} = \frac{4000 \times 40}{56 \times 8 \times 400} = 0{,}892 \text{ mm}^2$$

La sección que colocar sería como mínimo 1,5 mm^2.

Tabla 2.46. Conductividad del cobre y aluminio a diferentes temperaturas

Material	γ_{20}	γ_{40}	γ_{70}	γ_{90}
Cobre	56	53	48	44
Aluminio	35	33,6	30	28
Temperatura	**20 ºC**	**40 ºC**	**70 ºC**	**90 ºC**

2.12.4. Protección de los conductores en las instalaciones eléctricas

Los conductores eléctricos se distribuyen en la instalación en su encaminamiento hacia captores, elementos de mando y señalización, así como a los elementos accionadores como son los motores, resistencias calefactoras, lámparas de alumbrado, electroválvulas y otros, dentro de tubos de PVC o metálicos, en canaletas o sobre bandejas metálicas o de PVC.

El REBT en su instrucción ITC-BT-19 trata de «Instalaciones interiores o receptoras. Prescripciones generales» (su lectura es imprescindible, ya que trata de caídas de tensión, intensidades máximas admisibles, identificación de los conductores, conductores de protección, y muchos temas de interés).

También en la ITC-BT-20 se trata de «Instalaciones interiores o receptoras. Sistemas de instalación».

La ITC-BT-21 trata sobre «Instalaciones interiores o receptoras. Tubos y canales protectoras», y en su punto 1, apartado 1.1. Generalidades, dice lo siguiente:

Los tubos protectores pueden ser:

- Tubo y accesorios metálicos.
- Tubo y accesorios no metálicos.
- Tubo y accesorios compuestos (constituidos por materiales metálicos y no metálicos).

Los tubos se clasifican según lo dispuesto en las normas siguientes:

- UNE-EN 50886-2-1: Sistemas de tubos rígidos.

- UNE-EN 50086-2-2: Sistemas de tubos curvables.
- UNE-EN 50086-2-3: Sistemas de tubos flexibles.
- UNE-EN 50086-2-4: Sistemas de tubos enterrados.

Las características de protección de la unión entre el tubo y sus accesorios no deben ser inferiores a los declarados para el sistema de tubos.

- El interior de los tubos no deberá presentar en ningún punto aristas, asperezas o fisuras susceptibles de dañar los conductores o cables aislados o de causar heridas a instaladores o usuarios.
- Las dimensiones de los tubos no enterrados y con unión roscada utilizados en instalaciones eléctricas son las que se prescriben en la norma UNE-EN 60423.
- Para los tubos enterrados, las dimensiones se corresponden con las indicadas en la norma UNE-EN 50086-2-4.
- Para el resto de los tubos, las dimensiones serán las establecidas en la norma correspondiente de las citadas anteriormente. La denominación se realizará en función del diámetro exterior.
- El diámetro interior mínimo deberá ser declarado por el fabricante.
- En lo relativo a la resistencia a los efectos del fuego considerados en la norma particular para cada tipo de tubo, seguirá lo establecido por la aplicación de la «Directiva de Productos de la Construcción» (89/106/CEE).

➤ a) Características de los tubos protectores

- Resistencia de aislamiento: > 100 MΩ.
- Rigidez eléctrica: > 2000 V a 50 Hz, durante 15 s.
- Protección de la llama: autoextinguible en menos de 30 s.

➤ b) Colores de los tubos

- Marrón – Fuerza eléctrica.
- Blanco – Informática.
- Violeta – Sonido.
- Verde – Telefonía.
- Azul – Videoporteros.

Tabla 2.47. Normas UNE-EN 50086. Clasificación de los tubos según 12 dígitos

1. Resistencia a la presión	2. Resistencia al impacto	3. Temperatura mínima de aplicación	4. Temperatura máxima de aplicación	5 al 12
1. 125 Newtons 2. 230 N 3. 750 N 4. 1250 N 5. 4000 N	1. 0,5 Julios 2. 1 J 3. 2 J 4. 6 J 5. 20 J	1. + 5 °C 2. − 5 °C 3. − 15 °C 4. − 25 °C 5. − 45 °C	1. + 60 °C 2. + 90 °C 3. + 105 °C 4. + 120 °C 5. + 150 °C 6. + 250 °C 7. + 400 °C	5. Resistencia a la flexión. 6. Propiedades eléctricas. 7. Resistencia a la penetración de sólidos. 8. Resistencia a la penetración de agua. 9. Resistencia a la corrosión. 10. Resistencia a la tracción. 11. Resistencia a la propagación de las llamas. 12. Resistencia a las cargas suspendidas.
Las cuatro cifras primeras son las más representativas.				

Figura 2.66. Tubos protectores para conductores.

2.13. MÁQUINAS DE GENERACIÓN DE CORRIENTE ELÉCTRICA

La electricidad en el ámbito industrial se genera por medio de máquinas eléctricas de generación, que pueden ser de dos tipos:

➤ a) Generación de corriente alterna (CA)

Máquinas generadoras: ***alternadores eléctricos***.

Es la máquina más utilizada para obtener energía eléctrica.

La corriente alterna tiene ventajas importantes, como son:

- Puede elevarse la tensión (BT) a alta tensión (AT) para realizar el transporte de la energía eléctrica, con lo que se consigue reducir la intensidad y que la sección de los conductores sea pequeña, y también reducir pérdidas de energía en el transporte.
- Permite reducir la tensión a nivel de la utilización a valores que interesen a la instalación eléctrica y receptores.
- La máquina utilizada para elevar o reducir el valor de la tensión es el transformador eléctrico.
- Los equipos rectificadores pueden transformar la corriente alterna en corriente continua en el propio lugar de utilización.

b) Generación de corriente continua (CC)

Máquinas generadoras: ***dinamos eléctricas***.

c) Otras fuentes de generación de corriente continua (CC)

En este caso se trata de aparatos estáticos, que son:

- Paneles fotovoltaicos.
- Pilas eléctricas.

Tabla 2.48. Representación simbolizada de cuatro elementos de generación de energía eléctrica

1. Alternador trifásico	2. Dinamo	3. Panel fotovoltaico	4. Pila eléctrica
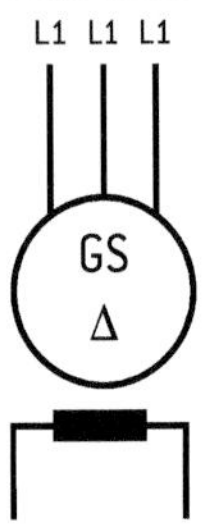	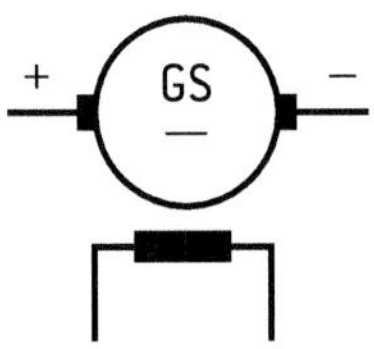	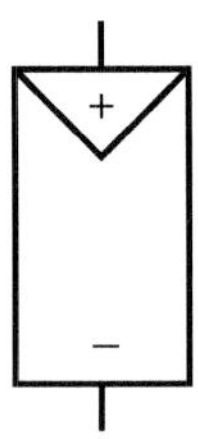	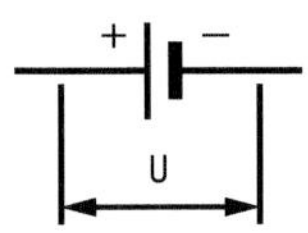

d) Modificación de las corrientes

- Para pasar o transformar la corriente alterna (CA) en corriente continua (CC) se utilizan los ***rectificadores de corriente***.
- Para pasar de corriente continua (CC) a corriente alterna (CA) se utilizan los ***inversores de corriente***.

1. Panel fotovoltaico que genera CC.

2. Central eléctrica que acciona un alternador y genera CA.

3. Aerogenerador que acciona una dinamo (CC) o un alternador (CA).

4. Pilas eléctricas que generan CC.

Figura 2.67. Ejemplos de generación de energía eléctrica.

2.14. MOTORES Y BOMBAS

Los motores son máquinas eléctricas que transforman la energía eléctrica en energía mecánica rotativa.

Los motores están unidos a las bombas constituyendo un conjunto motobomba cuya misión es el accionamiento o impulsión del fluido en el circuito hidráulico para su puesta en circulación, cosa que sucede en instalaciones solares térmicas y en calefacción.

➤ a) Motores eléctricos

Los motores pueden ser:

- Monofásicos de corriente alterna (CA).
- Trifásicos de corriente alterna (CA).

- Motores de corriente continua (CC).
- Otros motores.

b) Bombas hidráulicas

En las instalaciones solares térmicas se emplean tres tipos de bombas:

1. **Bombas de émbolo alternativo**

   Esta bomba posee un pistón con un movimiento de vaivén dentro de un cilindro. El conjunto de válvulas permite que el líquido sea aspirado y lanzado a la turbina de impulsión en cada movimiento. Su principal inconveniente es que los caudales impulsados por estas bombas son intermitentes. Si se desea uniformar el fluido será necesario instalar recipientes de aire o un número suficiente de cilindros.

2. **Bombas de émbolo rotativo**

   Estas bombas generan presión por medio de engranajes o rotores que impulsan periféricamente el líquido dentro de un recipiente cerrado.

   Son apropiadas cuando las necesidades de movimiento de fluidos no son muy grandes y el caudal es uniforme.

3. **Bombas centrífugas**

   Las bombas centrífugas son capaces de satisfacer la mayoría de las necesidades de la ingeniería y su uso está muy extendido.

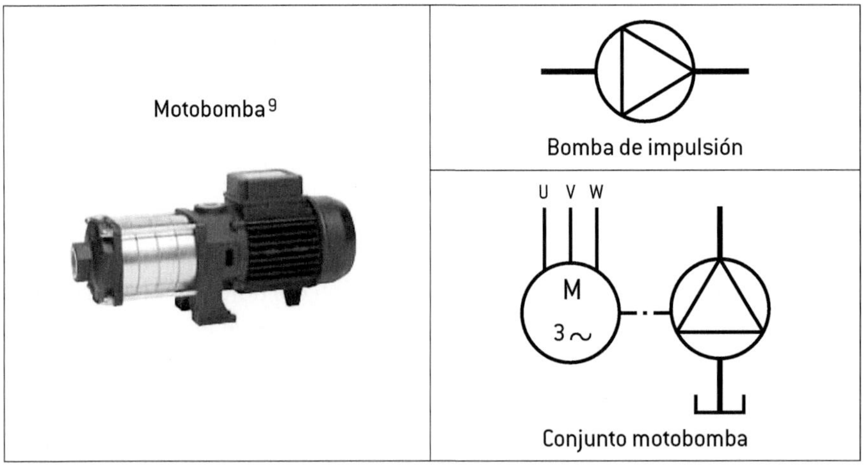

Figura 2.68. Representación de una bomba de impulsión y un conjunto motobomba[9].

[9] Bomba para 8 m^3/h para una altura manométrica de 100 m y una gama de potencias entre 0,37 y 2,2 kW.

4. Esquema para el accionamiento de una bomba de circulación

El mando está realizado por medio de un detector de temperatura (°t). Cada vez que baja la temperatura del fluido entra en servicio la bomba de aceleración hasta que alcanza un determinado valor, en que se para. Motor monofásico.

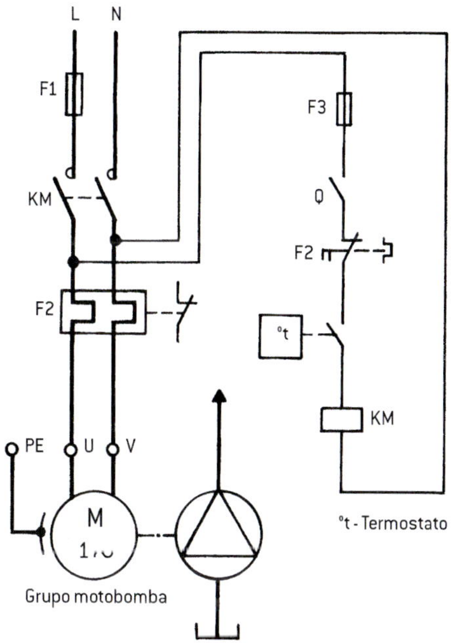

Figura 2.69. Esquema general de conexiones para el mando de una electrobomba.

Las bombas de circulación pueden ser accionadas por motores monofásicos (1 × 230 V) y trifásicos (3 × 400 V). Las potencias pueden ir en una gama muy amplia de potencias, desde pocos vatios (20 W) a más de 2 kW.

Figura 2.70. Bomba de circulación.

2.15. MANIOBRA Y PROTECCIÓN

Como ya hemos estudiado al tratar la aparamenta (elementos de maniobra y protección), los motores como receptores que son, estarán protegidos básicamente contra las principales anomalías que se pueden dar en sus circuitos, y que son:

- Corrientes de cortocircuito.
- Sobrecargas.
- Falta de una fase.
- Baja tensión en la red de alimentación.

Todos los motores como norma general están protegidos por los dispositivos siguientes:

a) Contra corrientes de cortocircuito, por medio de fusibles y elementos magnéticos.

b) Contra sobrecargas, por medio de relés térmicos.

c) Contra la falta de una fase, por medio de relé térmico o dispositivo especial.

d) Contra bajas tensiones, por medio de relé térmico o dispositivo especial.

➤ a) Ejemplos de protección aplicado a motores trifásicos con rotor en cortocircuito

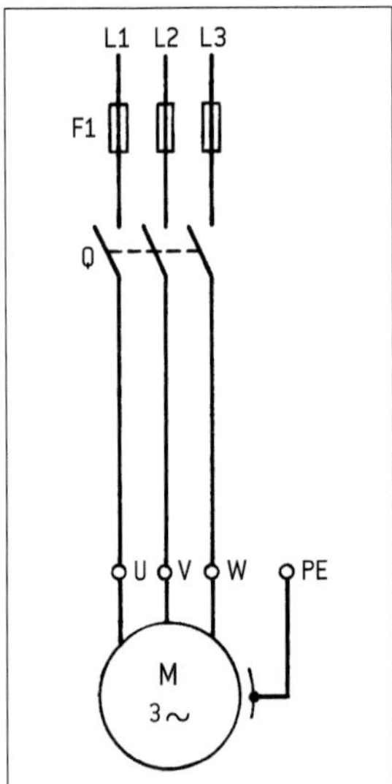

Figura 2.71. Arranque directo por medio de un interruptor manual y protección por fusibles.

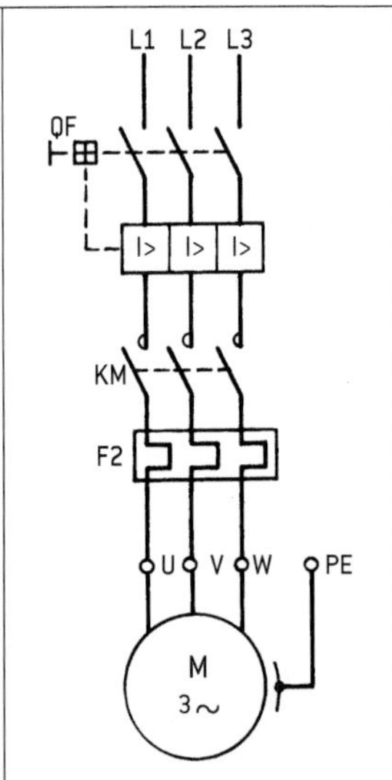

Figura 2.72. Arranque directo por medio de un interruptor automático magnético y relé térmico.

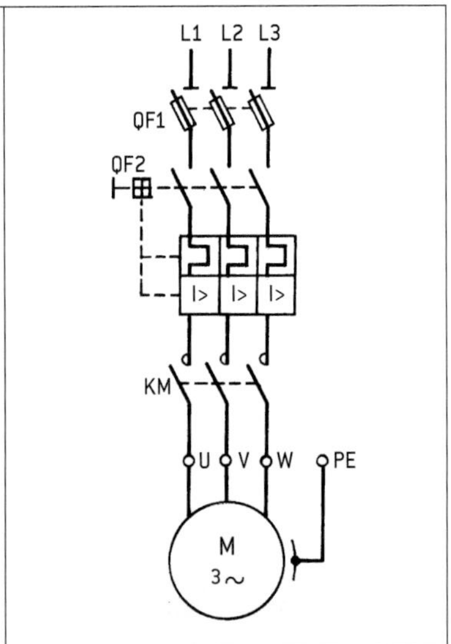

Figura 2.73. Arranque directo por medio de un contactor y protección por fusibles e interruptor automático magnetotérmico.

b) Maniobras para el mando de contactores

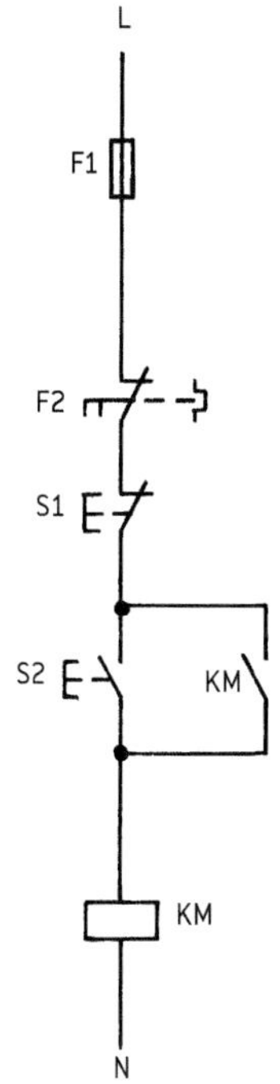

Figura 2.74. Esquema de mando para un contactor (electroimán) desde una caja de pulsadores (marcha/paro). Se trata de un equipo de arranque para un motor trifásico con fusibles, contactor y relé térmico (guardamotor).

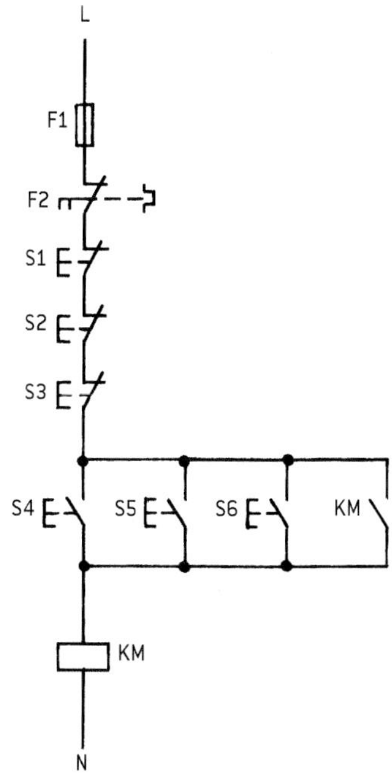

Figura 2.75. Esquema de mando para un contactor desde tres cajas pulsadores (marcha/paro). Los pulsadores de paro se conectan en serie y los de marcha, en paralelo. El esquema de potencia sería el mismo del caso anterior.

2.16. DIFERENTES ELEMENTOS DE MANDO

De entre los elementos de mando consideramos los siguientes:

- Interruptores.
- Pulsadores.
- Lámparas de señalización.
- Detectores de presión.
- Detectores de temperatura.
- Termostatos.
- Termostatos diferenciales.
- Detectores de circulación.

- Manómetro.
- Termómetro.
- Relés auxiliares.
- Contadores de energía térmica.

A continuación estudiamos algunos de los elementos de mando que se han citado.

2.16.1. Termostato diferencial

Es el elemento fundamental de regulación y control de la instalación solar térmica, que controla la temperatura a la que circula el fluido caloportador cuando hay un aporte de energía solar.

Mediante sondas, convenientemente instaladas, se mide la temperatura del fluido a la salida de los captadores y en la parte inferior del acumulador. El termostato diferencial compara ambas temperaturas y cuando se da una diferencia predeterminada, entrará en servicio la bomba de circulación.

En este equipo se distinguen dos partes fundamentales:

- Termostato diferencial.
- Sondas de temperatura.

1. Termostato diferencial

El termostato diferencial representado en la Figura 2.76 tiene la finalidad de realizar el control de dos circuitos (dos sondas) para la acumulación de agua caliente mediante paneles solares o mediante calderas.

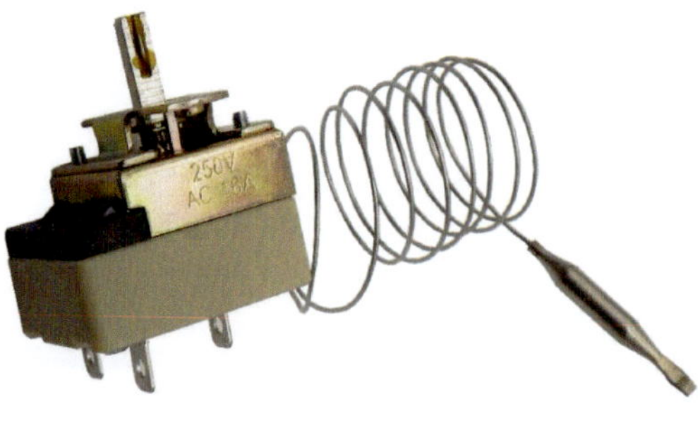

Figura 2.76. Equipo de regulación de un termostato diferencial.

Puede controlar una captación y el acumulador de calor, y dos bombas o válvulas de zona, en función de los diferenciales fijados entre la sonda en paneles y la sonda inferior del acumulador, y entre la sonda en caldera y la sonda en la parte superior del acumulador.

- Temperatura en acumulador ajustable de 10 a 90 ºC.
- Diferencial de temperatura entre sondas ajustable de 2 a 15 grados.
- Modos de operación: sin programación horaria, marcha continua de circuito de paneles, marcha continua de circuito de caldera, automático o apagado.
- Modos de marcha: 230 Vca; 4 A.
- Intercambio de calor con paneles solares: bomba.
- Señal de salida: 3 relés unipolar inversor (SPDT) 230 V/3 A.

2. Sondas de temperatura

Las sondas de temperatura se corresponderán con el equipo eléctrico al que van conectadas. Son de pequeñas dimensiones y se instalan en el interior de vainas junto con un gel que favorece la transmisión de calor.

La sonda viene acompañada de su correspondiente cable de pequeña sección, que está compensado, por lo que no se puede cortar.

Para su instalación seguir las instrucciones del fabricante.

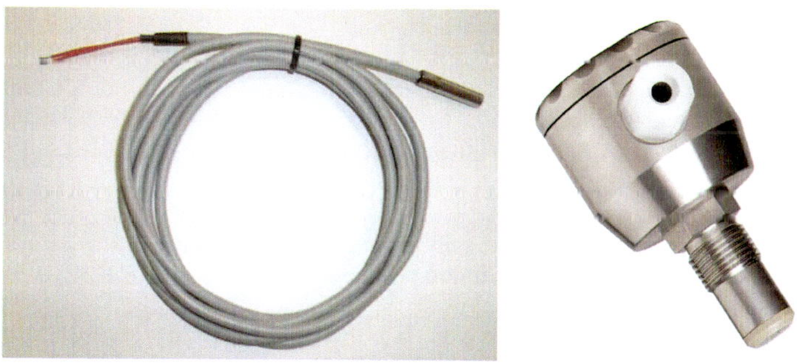

Figura 2.77. Sondas de temperatura.

3. Ejemplo de aplicación

La Figura 2.78 muestra el equipo de regulación de un termostato diferencial, la disposición de las sondas en el circuito del fluido y la bomba de aceleración.

T – Termostato diferencial.

ST – Sonda de temperatura.

VC – Válvula de conmutación.

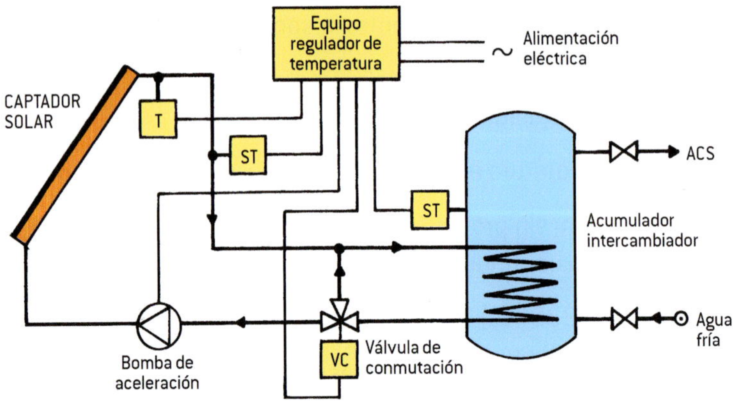

Figura 2.78. Ejemplo de aplicación de un termostato diferencial y las sondas de temperatura a una instalación solar térmica.

2.16.2. Contadores de energía térmica

En los circuitos hidráulicos se mide el caudal de agua consumido y, también, el consumo de agua caliente teniendo en cuenta la temperatura con que se suministra.

El caudal de agua consumido se mide en metros cúbicos (m^3).

El caudal de agua caliente se puede medir en metros cúbicos (m^3) y en kWh cuando se tiene en cuenta la temperatura a que se suministra el agua al consumidor.

El aparato de medida se intercala en el circuito que medir, y normalmente se trata de contadores electrónicos.

La Figura 2.79 muestra las dimensiones de un contador electrónico y su representación en los esquemas.

	**Datos principales:** • Caudales: 0,6; 1,5; 2,5; ... m^3/h. • Temperatura: 5-90 °C. • Presión: 16 bar (máximo). • Medida: en kWh. 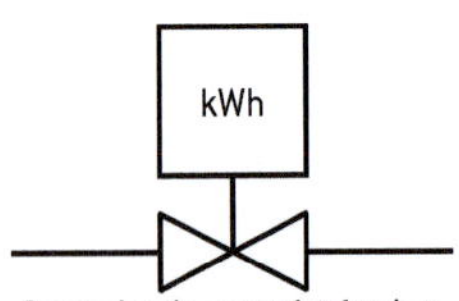 Contador de energía térmica
1. Presentación comercial de un contador de energía térmica.	2. Representación simbolizada de un contador de energía térmica.

Figura 2.79. Contadores de energía térmica.

2.16.3. Presostatos

Miden la presión de los circuitos hidráulicos y la unidad empleada es el bar.

Los presostatos pueden ser de máxima presión, de mínima presión y de máxima/mínima. Normalmente los presostatos accionan contactos que pueden utilizarse para diferentes maniobras en el automatismo de la instalación.

	Presión, en bar. 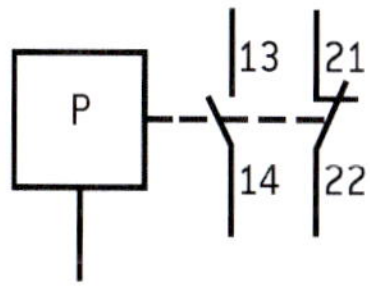
1. Presentación comercial para un presostato.	2. Representación simbolizada de un presostato.

Figura 2.80. Presostatos.

2.16.4. Termómetros

Los termómetros miden la temperatura de los fluidos en los diferentes circuitos.

La temperatura se mide en grados centígrados (°C) y en países anglosajones en grados Fahrenheit (°F).

Los termómetros pueden ser de mercurio o de tipo termopar.

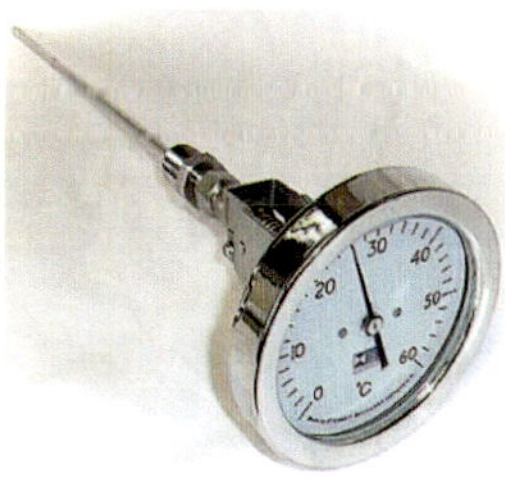	Temperatura, en grados centígrados (°C). 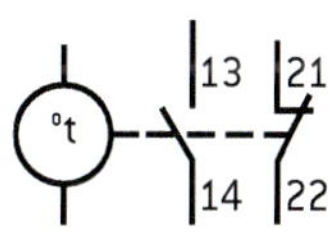
1. Presentación comercial de un termómetro.	2. Representación simbolizada de un termómetro.

Figura 2.81. Termómetro.

2.16.5. Válvulas con pilotado eléctrico

En muchos circuitos hidráulicos de instalaciones solares térmicas se emplean válvulas que están pilotadas por un electroimán y que pueden ser de dos, tres y hasta cuatro vías.

Permiten seleccionar o cerrar circuitos y enviar el fluido en la dirección que interese en cada caso. Estas maniobras se realizan de forma automática.

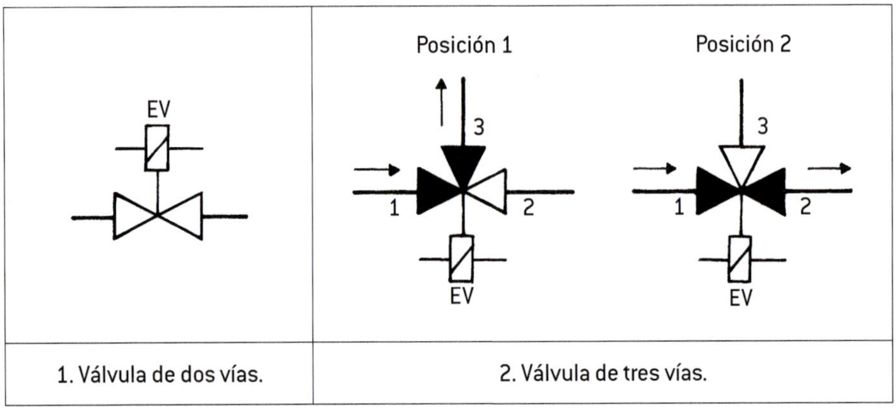

Figura 2.82. Válvulas con accionamiento por electroimán.

Válvulas directas e inversas

Las figuras representadas en la Figura 2.83 nos muestran con claridad el funcionamiento de estos dos tipos de válvulas, y en qué condiciones hay paso de fluido.

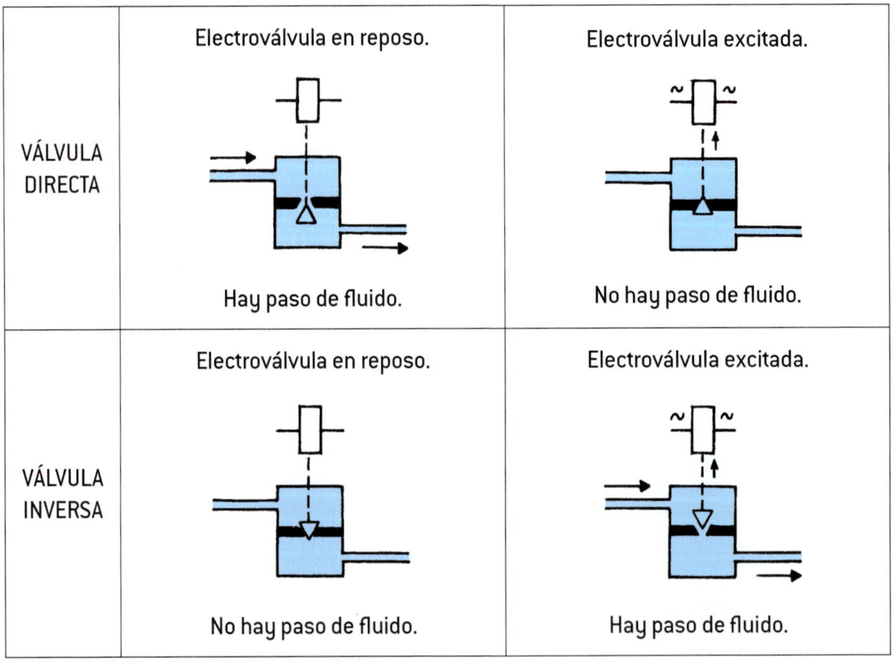

Figura 2.83. Funcionamiento de válvulas directas e inversas.

2.17. DIFERENTES TIPOS DE MOTORES

Los motores son máquinas que transforman la energía eléctrica en energía mecánica rotativa. Son muy empleados en muchas aplicaciones de la industria, los servicios y el hogar.

Hay varios tipos de motores, que pueden ser conectados a corriente continua (CC) o a corriente alterna (CA) y entre los más utilizados están los que recoge la Tabla 2.49.

Tabla 2.49. Relación de los principales tipos de motores utilizados

1. Motores de corriente continua (CC)	• Motor de excitación independiente. • Motor de excitación serie. • Motor de excitación derivación (shunt). • Motor de excitación compuesta (compound).
2. Motores de corriente alterna (CA)	• Motores monofásicos (varios tipos). • Motores trifásicos: Con rotor en cortocircuito (los más utilizados). Con rotor bobinado.
3. Motores para corriente alterna y corriente continua (CA/CC)	• Motores universales (pueden funcionar indistintamente con corriente continua, como con corriente alterna).

Nota: hay muchos más tipos de motores, pero los que recoge la Tabla 2.49 son los más utilizados.

2.17.1. Placa de características de un motor trifásico

En un lugar bien visible del motor está colocada la placa de características, que será la normalizada y contendrá los parámetros necesarios para la mejor interpretación de las características y prestaciones que puede dar el motor. En la Tabla 2.50 se citan las principales características.

Como se ha indicado, al haber varios tipos de motores, la placa de características dependerá del motor de que se trate, según que el motor sea de corriente alterna o de corriente continua.

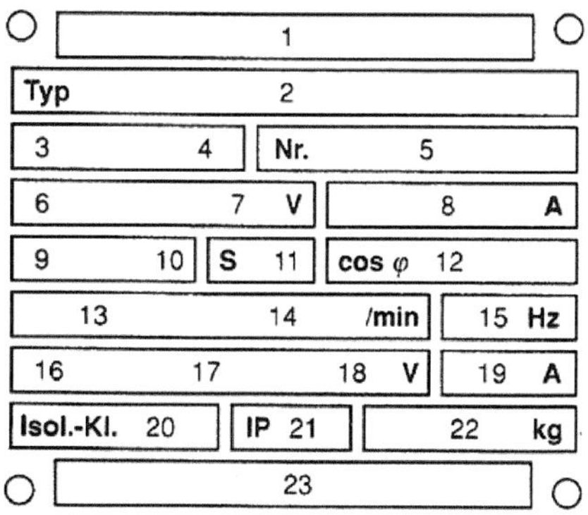

Figura 2.84. Modelo de placa de características para un motor o máquina rotativa.

Tabla 2.50. Contenido de la placa de características según DIN 42961 (extracto) para una máquina rotativa

Leyenda
1. ***Nombre del fabricante.***
2. ***Tamaño, forma de construcción.***
3. ***Clase de corriente.*** G = continua; E = monofásica; D = trifásica.
4. ***Clase de máquina; motor, generador, etc.*** Ge = generador; Mot = motor.
5. ***Número de fabricación.***
6. ***Identificación del tipo de conexión del arrollamiento (bobinado).*** Δ = triángulo; Y = estrella.
7. ***Tensión nominal.***
8. ***Intensidad nominal.***
9. ***Potencia nominal. Indicación en kW para motores y generadores de corriente continua e inducción. Potencia aparente en kVA en generadores síncronos.***
10. ***Unidad de potencia, por ejemplo, kW.***
11. ***Régimen de funcionamiento nominal.***
12. ***Factor de potencia.*** (cos φ).
13. ***Sentido de giro.***
14. ***Velocidad nominal en revoluciones por minuto, revol/min.***
15. ***Frecuencia nominal.***
16. «Err» excitación en máquinas de corriente continua y máquinas síncronas. «Lfr» inducido para máquinas asíncronas.
17. Forma de conexión del arrollamiento inducido.
18. Máquinas de CC y síncronas: tensión nominal de excitación. Motores de inducido de anillos rozantes: tensión de parada del inducido (régimen nominal).
19. Máquinas de CC y síncronas: corriente nominal de excitación. Motores de inducido de anillos rozantes: intensidad nominal del motor.
20. ***Clase de aislamiento.*** Como Y, A, E, B, etcétera.
21. ***Clase de protección.*** Por ejemplo, IP33.
22. ***Peso en kg o T.***
23. ***Número y año de edición de la disposición VDE tomada como base.***

Nota: en cursiva, las casillas que corresponden a un motor o máquina alimentado con corriente alterna.

Los valores nominales indicados en la placa de características corresponden a la situación o el momento en el que el motor está suministrando la potencia señalada en la placa de características y el rotor del motor gira a las revoluciones señaladas en dicha placa, y que corresponden a los valores nominales.

La Tabla 2.51 muestra un ejemplo de los datos principales que se recogen en la placa de características de un motor trifásico asíncrono.

Tabla 2.51. Ejemplo de datos que podemos encontrar en la placa de características de un motor trifásico con rotor en cortocircuito

Fabricante	ABCD
N.º de serie de fabricación	000 001
Potencia	P: 22 kW
Tensiones	U: 230/400 V
Intensidades	I: 71/41 A
Velocidad	n: 1450 r. p. m.
Factor de potencia	cos φ: 0,86
Frecuencia	f = 50 Hz
Aislamiento	F
Grado de protección	IP45
Peso	40 kg
Año de fabricación	2008
Otros datos	

2.17.2. Motores de corriente continua

Básicamente hay cuatro tipos de motores de CC, que son los que recoge la Figura 2.85.

Tipos de motores de corriente continua (CC).

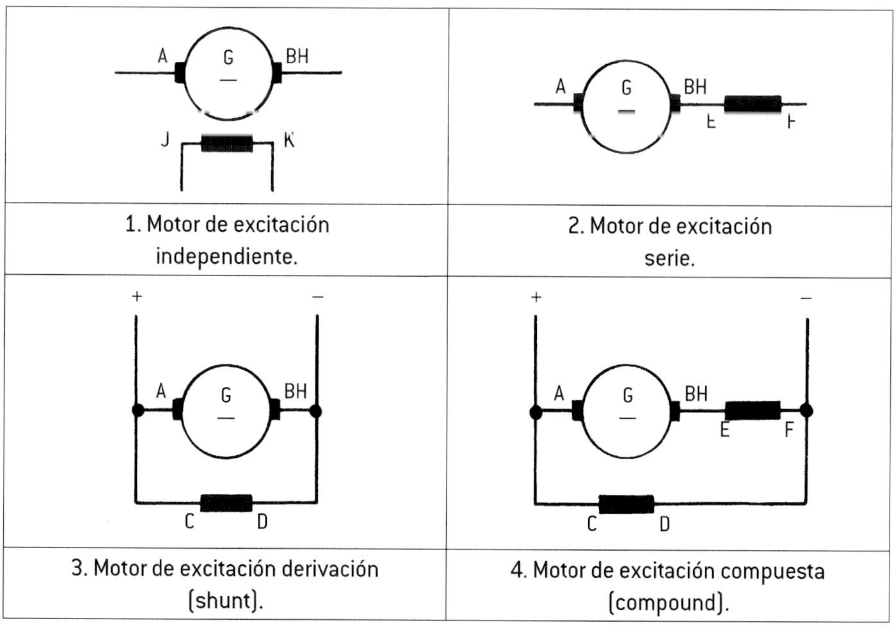

Figura 2.85. Motores de corriente continua (CC).

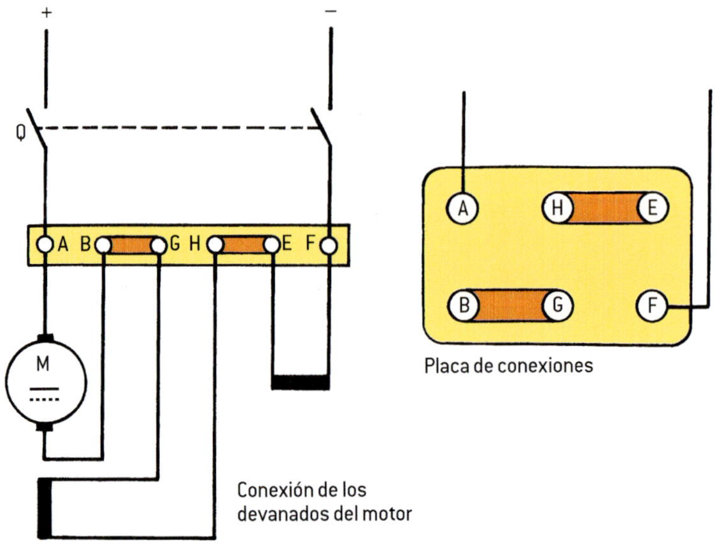

Figura 2.86. Presentación de los bobinados de un motor de excitación serie y su placa de conexiones.

Particularidades de los motores de CC

- Se conectan a una línea de corriente continua (CC) que se obtiene normalmente por rectificación de corriente alterna.
- Necesitan un equipo electrónico de arranque y regulación de la marcha.
- Tienen colector de delgas y escobillas que se desgastan produciendo problemas de aislamiento.
- Por el problema anterior, necesitan un mantenimiento periódico.

La posibilidad de obtener variación de velocidad de los motores trifásicos con rotor en cortocircuito, ha reducido el empleo de este tipo de motores.

Inversión de giro de un motor de CC

Para invertir el sentido de giro en un motor de corriente continua hay que invertir la corriente en uno de los bobinados de excitación (serie o derivación o independiente).

2.17.3. Motores de corriente alterna

Los motores de corriente alterna son los más empleados, y se pueden agrupar en cuatro grupos, a saber:

a) Motores monofásicos.

b) Motores monofásicos con bobinado auxiliar de arranque.

c) Motores trifásicos con rotor en cortocircuito.

d) Motores trifásicos con rotor bobinado.

➤ a) Particularidades de los motores de CA

- Se conectan a líneas de corriente alterna (CA) (la energía eléctrica se distribuye en forma de corriente alterna).
- Tienen casi nulo mantenimiento.
- Pueden proporcionar velocidad fija y variable con variadores de frecuencia.
- Son motores polivalentes con muy buen rendimiento.
- Buen par de arranque.

➤ b) Representación de los cuatro tipos de motores

A continuación estudiamos los esquemas de potencia de los cuatro tipos de motores de corriente alterna.

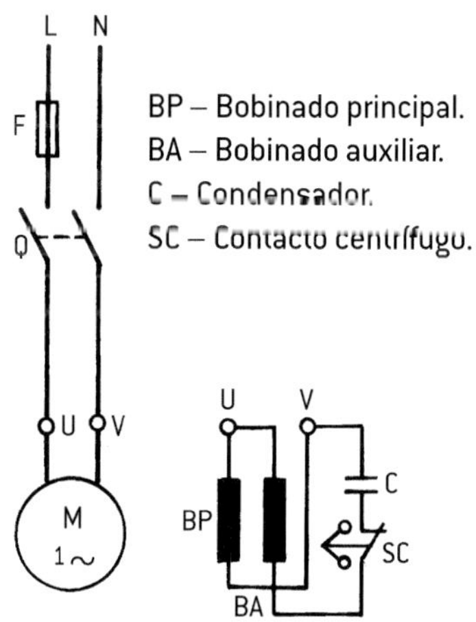

Representación del esquema general para el arranque de un motor monofásico. No se representa el interior del motor.	Cuando el motor adquiere velocidad se abre el contacto SC, que desconecta el bobinado auxiliar de arranque (BA).
1. Motor monofásico.	2. Motor monofásico con bobinado auxiliar de arranque.

Figura 2.87. Motores monofásicos.

c) Inversión de giro de un motor monofásico con bobinado auxiliar de arranque

Para invertir el sentido de giro de un motor monofásico con bobinado auxiliar de arranque hay que invertir la circulación de la corriente en uno de los dos bobinados, generalmente en el bobinado auxiliar, tal como se aprecia en el esquema de la Figura 2.88, realizado con contactores.

- Un sentido de giro: contactores KM1 + KM2.
- Otro sentido de giro: contactores KM1 + KM3.

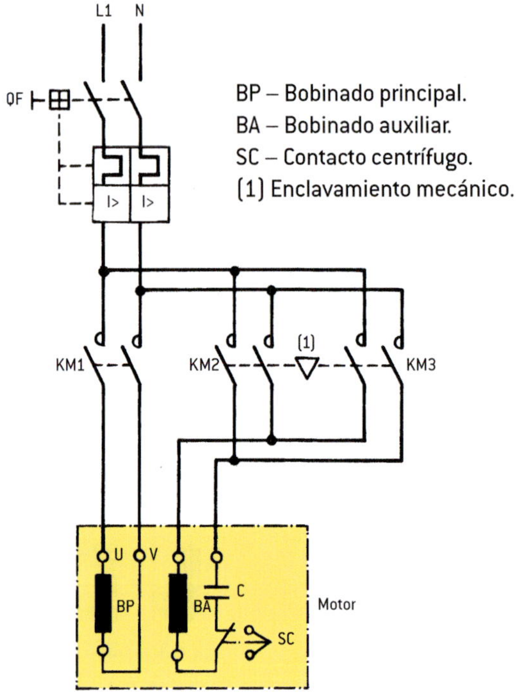

Figura 2.88. Inversión de giro por contactores para un motor monofásico con bobinado auxiliar de arranque.

Figura 2.89. Motores monofásico y trifásico.

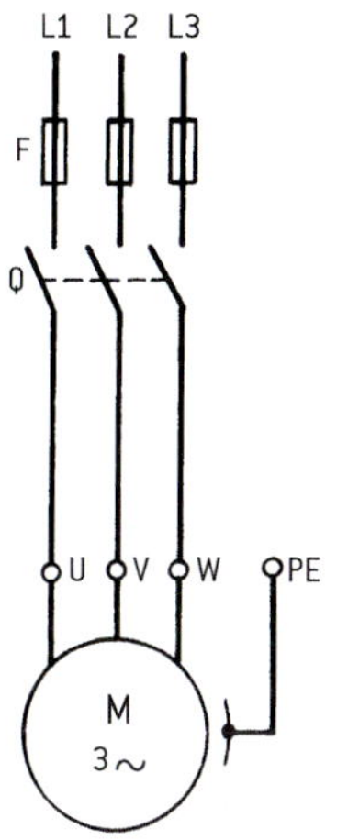

3. Motor trifásico con rotor en cortocircuito.

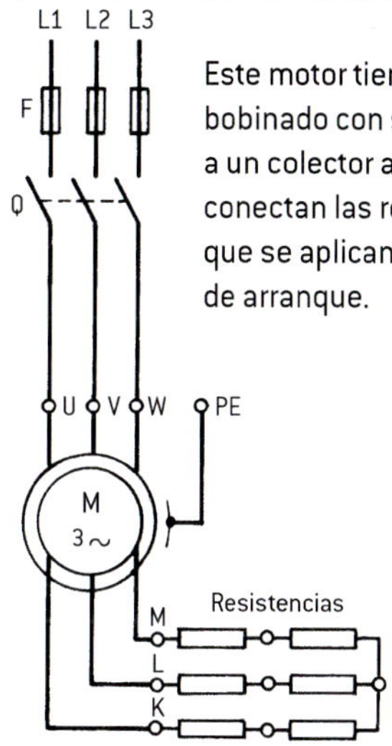

Este motor tiene el rotor bobinado con salida a un colector al que se conectan las resistencias que se aplican en el período de arranque.

4. Motor trifásico con rotor bobinado.

Figura 2.90. Motores trifásicos.

➤ d) Conexionado de la caja de bornes de un motor trifásico

Los motores trifásicos se pueden conectar en estrella (Y) o en triángulo (Δ).

- **Conexión estrella (Y)**
  - Con red de **400 V** entre fases, los motores que en su placa de características se lea: **230/400 V.**
  - Con red de **690 V** entre fases, los motores que en su placa de características se lea: **400/690 V.**

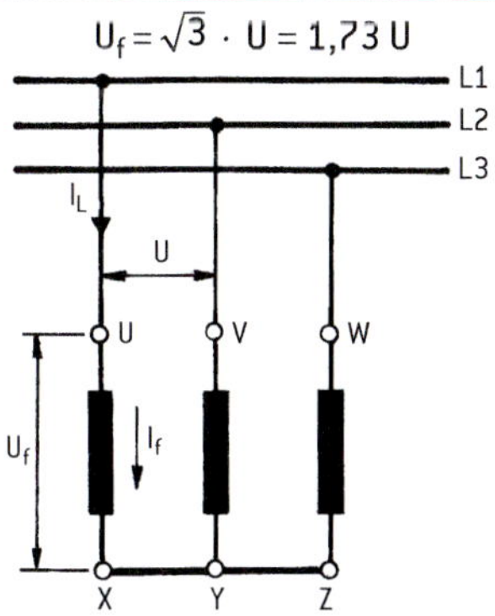

Todas las fases trabajan a una tensión inferior a la de la red (1,73 veces menor).

Bobinado del motor trifásico. Conexión (Y).

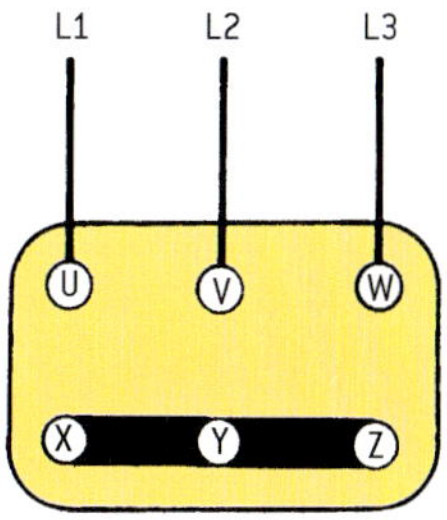

Disposición de las plaquitas en el bornero.

Conexión del motor en estrella (Y).

Figura 2.91. Conexión estrella (Y).

- **Conexión triángulo (Δ)**

  Con red de **400 V** entre fases, los motores que en su placa de características se lea: **400/690 V.**

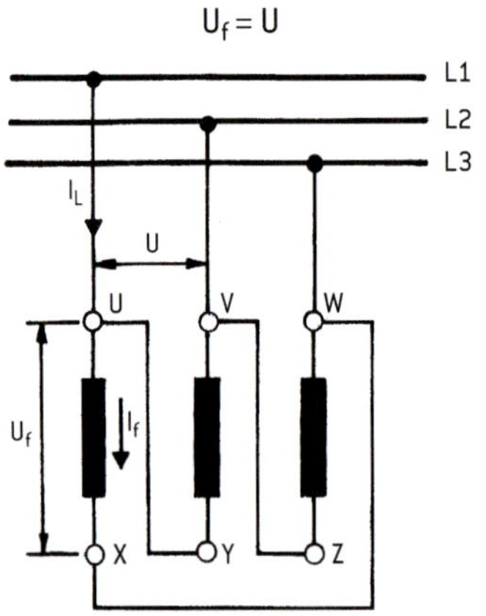

Todas las fases trabajan
a la tensión de la red.

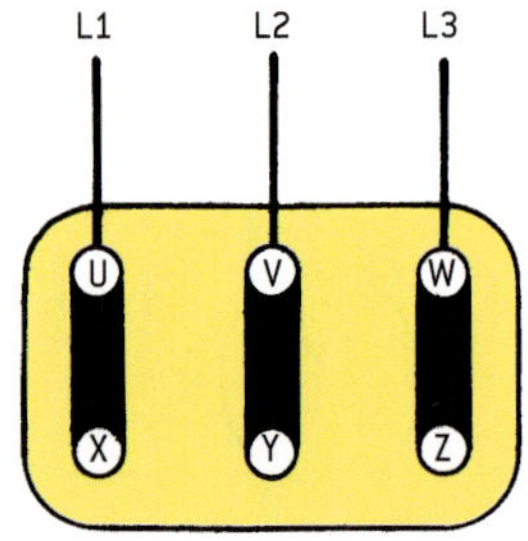

Disposición de las plaquitas
en el bornero.

Bobinado del motor trifásico (conexión Δ).	Conexión del motor en triángulo (Δ).

Figura 2.92. Conexión triángulo (Δ).

> **Nota:** la primera tensión (por ejemplo, de **230/400 V**) es la tensión a la que debe ser conectado el bobinado del motor.

➤ e) Fórmulas de potencia aplicadas a motores trifásicos

- *Potencia absorbida de la red por el motor (P_a)*

$$P_a = \frac{\sqrt{3} \cdot U \cdot I \cdot \cos\varphi}{1000} \text{ (kW)}$$

- *Potencia dada por el motor en su eje (P_u)*

$$P_u = \frac{\sqrt{3} \cdot U \cdot I \cdot \cos\varphi}{1000} \cdot \eta \text{ (kW)}$$

- *Intensidad absorbida por un motor (I)*

$$I = \frac{P}{\sqrt{3} \cdot U \cdot \cos\varphi} \text{ (A)}$$

2.17.4. Servomotores

El servomotor o «servo» es un aparato similar a un motor de corriente continua. Los servomotores están constituidos por el motor, una caja reductora y el circuito de control. Es básicamente un actuador mecánico basado en un motor y reductor. Funciona por impulsos. Para mantener una posición, habrá que enviarle periódicamente impulsos o señales codificadas de esa posición para evitar que la pierda. Se usa preferentemente para controlar el movimiento angular.

Se diferencian tres tipos de servomotores:

- Servomotores de corriente continua (CC).
- Servomotores de corriente alterna (CA).
- Servomotores de imanes permanentes, *brushless*.

El sentido de giro se consigue al invertir la polaridad de la alimentación.

Este aparato controla el movimiento angular entre 0º y 180º, pudiendo llegar hasta los 210º. Es un motor que solo gira los grados suficientes para llegar a la posición seleccionada. No tiene rotación.

Se alimenta también a bajas tensiones (4 V, 8 V hasta 48 V).

Características principales

Se trata de un motor especial con aplicaciones muy concretas cuando se requieren movimientos precisos.

- Excitación a base de imanes cerámicos permanentes de elevada energía intrínseca y fuerza coercitiva.
- Buena regulación y estabilidad.
- Par elevado.
- Posibilidad de fuertes aceleraciones y deceleraciones.
- Gran estabilidad de marcha, incluso a bajas velocidades.
- Amplio campo de variación de giro (hasta 210º).
- Elevada inercia térmica.
- Admite sobrecargas prolongadas.
- Para pequeñas y medianas cargas.

Datos técnicos principales

Ejemplo de datos técnicos que identifican a este tipo de motor.

- Alimentación por corriente continua (CC).
- Par máximo a rotor bloqueado, dado en Nm.

- Potencia, en W y kW.
- Intensidad máxima ($I_{máx}$), en A.
- Tensión máxima ($U_{máx}$), en V.
- Temperatura máxima en bobinados, $T_{máx} = 150°$.
- Velocidad máxima, $n_{máx} = 3000$ r. p. m. (por ejemplo).
- Peso, en kg.
- Aislamiento: Clase F.
- Ejecución: cerrado (IP44), por ejemplo.
- Pueden llevar freno electromagnético.
- Ventilación forzada o independiente.
- Aplicaciones:
  - Este tipo de motor se utiliza principalmente para el movimiento de máquinas herramientas con avance convencional o numérico.
  - Para el acoplamiento directo al eje individualizado, proporcionando movimientos precisos que son controlados a lo largo del proceso.
  - También se utilizan en otro tipo de máquinas que tienen avances y movimientos precisos. Se utilizan en radiocontrol y robótica.

Figura 2.93. Amplia gama de servomotores y equipos de regulación.

2.18. MEDIDA DE MAGNITUDES ELÉCTRICAS

Las mediciones y comprobaciones en los circuitos y aparatos eléctricos son una de las tareas principales del electricista con funciones de conservación y mantenimiento de redes eléctricas.

Las mediciones y comprobaciones tienen diferentes objetivos, como pueden ser:

Conocer el consumo de un receptor eléctrico (intensidad de corriente).

- La tensión que se tiene en un punto concreto de la instalación.
- Si se tiene una determinada tensión.
- Si hay equilibrio entre las fases.
- El estado de la instalación de puesta a tierra.
- El estado de un aislamiento concreto.
- El factor de potencia de un circuito.
- Si hay fluctuaciones de frecuencia en una red.
- El consumo de energía de una red.
- La conductividad de un conductor o un terreno.
- El orden de llegada de las fases.
- Si hay caídas de tensión en una red eléctrica.
- Si un circuito está sobrecargado.
- Y muchas verificaciones más que convenga realizar en función del tipo de circuito y aparamenta, y del receptor o receptores de que se trate.

Tabla 2.52. Principales magnitudes que medir

Magnitud	Símbolo	Unidad	Símbolo	Aparato
Tensión	U	Voltio	V	Voltímetro
Intensidad	I	Amperio	A	Amperímetro
Resistencia	R	Ohmio	Ω	Ohmímetro
Capacidad	C	Faradio	F	Capacímetro
Frecuencia	f	Hercio	Hz	Frecuencímetro
Potencia activa	P	Vatio	W	Vatímetro
Potencia reactiva	P_x	Voltiamperio reactivo	VAr	Varímetro
Energía activa	E	Vatio hora	kWh	Contador de energía activa
Energía reactiva	E_x	Voltiamperio reactivo hora	kVArh	Contador de energía reactiva
Luz		Lumen	lm	Luxómetro
Ángulo de desfase		Grado eléctrico	φ	—
Factor de potencia		Coseno de fi (φ)	cos φ	Fasímetro
Calor		Grado centígrado	ºC	Termómetro

Los aparatos de medida y comprobación pueden estar fijos en la instalación, y otros son móviles, que se transportan al lugar donde se realiza la medida o comprobación.

Especialmente los aparatos móviles deberán tener el trato que requiera su fragilidad, calidad de medida y precisión.

Tabla 2.53. Representación simbolizada de los principales aparatos de medidas eléctricas

Amperímetro	Voltímetro	Frecuencímetro	Vatímetro
A	V	Hz	W
Ohmímetro	**Capacímetro**	**Contador de energía activa**	**Contador de energía reactiva**
Ω	C	kWh	kVAr

2.18.1. Aparatos de medida

Hacemos un repaso a los aparatos de medida más utilizados en el montaje, puesta en servicio y mantenimiento de instalaciones eléctricas.

1. Amperímetro

Aparato mediante el cual se mide la intensidad de la corriente eléctrica que circula por un conductor. Se conecta en serie con la corriente que medir.

La intensidad de corriente se mide en **amperios** (A).

Múltiplos y submúltiplos del amperio

Kiloamperio (kA) .... 1 kA = 1000 A

Miliamperio (mA) .... 1 mA = 0,001 A

Diferentes formas de conexión de un amperímetro:

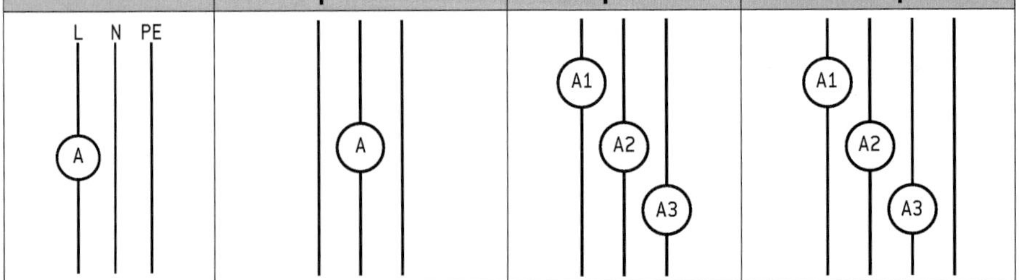

Red monofásica	Red trifásica equilibrada	Red trifásica desequilibrada	Red trifásica con neutro desequilibrada
1. Amperímetro conectado a una línea monofásica.	2. Amperímetro conectado a una línea trifásica equilibrada. Es suficiente hacer la medida sobre una de las fases (un solo amperímetro).	3. Amperímetro conectado a una línea trifásica desequilibrada. Un amperímetro por fase.	4. Amperímetro conectado a una línea trifásica con neutro. Un amperímetro por fase. Este tipo de instalación es difícilmente equilibrado.

Figura 2.94. Medida de la intensidad en diferentes circuitos.

2. Voltímetro

Aparato mediante el cual se mide la tensión o diferencia de potencial entre conductores activos de una línea eléctrica. Se conecta en paralelo con la red que medir.

La tensión se mide en **voltios** (V).

Múltiplos y submúltiplos del voltio

Kilovoltio (kV) .... 1 kV = 1000 V

Megavoltio (MV) .... 1 MV = 1000 kV = 1 000 000 V

Milivoltio (mV) .... 1 mV = 0,001 V

Diferentes formas de conexión de un voltímetro:

1. En un circuito monofásico	2. En un circuito trifásico
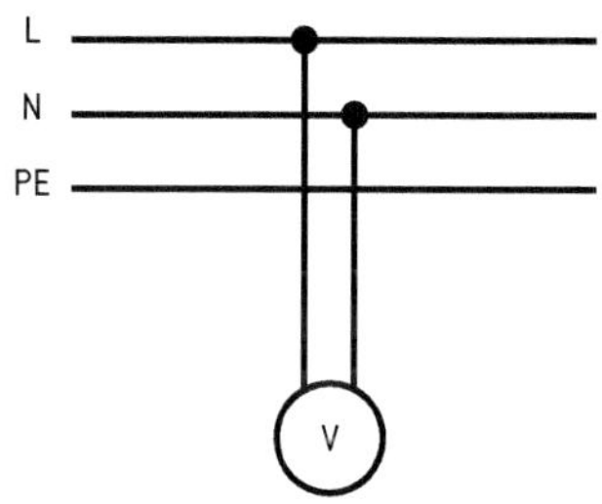	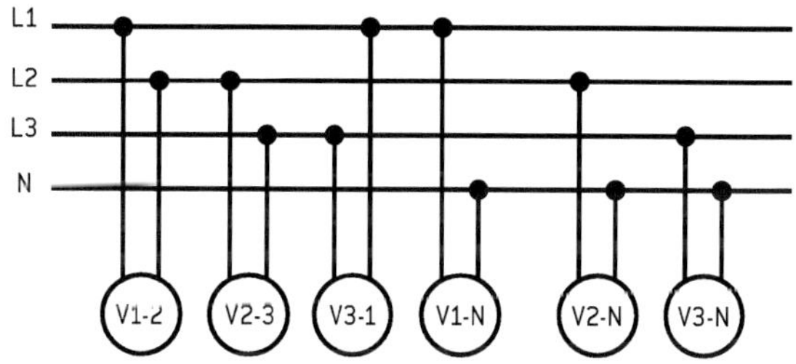
Tensión entre fases 230 V	Tensión entre fases y neutro: a) Entre fases. U = 400 V b) Entre fases y neutro. U_f = 230 V

Figura 2.95. Medida de la tensión en diferentes circuitos.

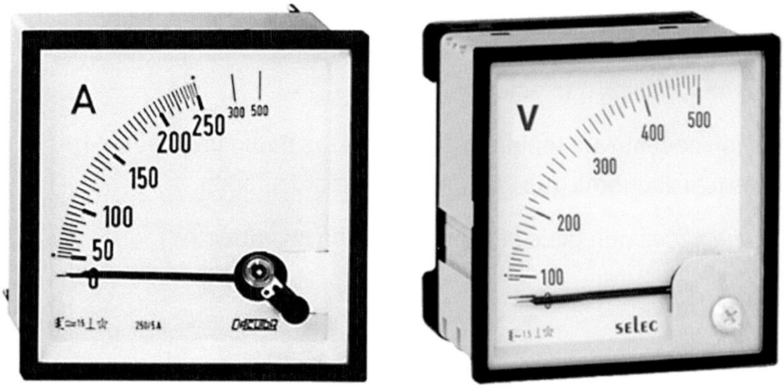

Figura 2.96. Amperímetro y voltímetro.

3. Frecuencímetro

Aparato mediante el cual se mide la frecuencia de una red eléctrica.

Los aparatos más empleados son:

- Frecuencímetro de láminas vibrantes.
- Frecuencímetro electrónico.

Se conectan en derivación con la red que medir.

La frecuencia se mide en **hercios** (Hz).

Múltiplos del hercio

Kilohercio (kHz) .... 1 kHz = 1000 Hz

Megahercio (MHz) .... 1 MHz = 1000 kHz = 1 000 000 Hz

Forma de conexión de un frecuencímetro:

	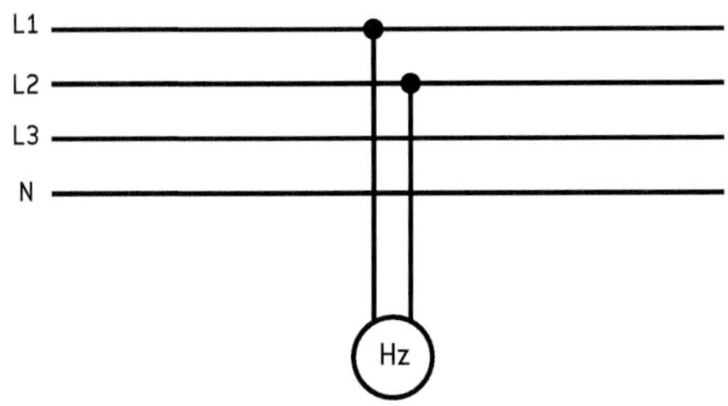
Frecuencímetro.	Frecuencímetro conectado a la red.

Figura 2.97. Medida de la frecuencia en un circuito trifásico.

4. Vatímetro

Aparato mediante el cual se mide la potencia activa de una red eléctrica que podrá ser monofásica o trifásica.

La conexión se realizará teniendo en cuenta las bobinas amperimétricas y voltimétricas y el esquema que acompaña al propio aparato.

La potencia activa que mide el vatímetro se da en **vatios** (W).

Múltiplo del vatio

Kilovatio (kW) .... 1 kW = 1000 kW

Megavatio (MW) .... 1 MW = 1000 kW = 1 000 000 W

5. Ohmímetro

Aparato con el que se mide la resistencia de un conductor eléctrico.

El aparato se conecta en circuito cerrado con la resistencia que medir.

También se emplea para verificar si un filamento tiene continuidad, por ser muy pequeña la corriente que necesita para efectuar la medida y así no perjudicar al receptor.

La resistencia se mide en **ohmios** (Ω).

Múltiplos del ohmio

Kilohmio (kΩ)..........................1 kΩ = 1000 Ω

Megaohmio (MΩ)......................1 MΩ = 1000 kΩ = 1 000 000 Ω

Ejemplos de medida y aplicación:

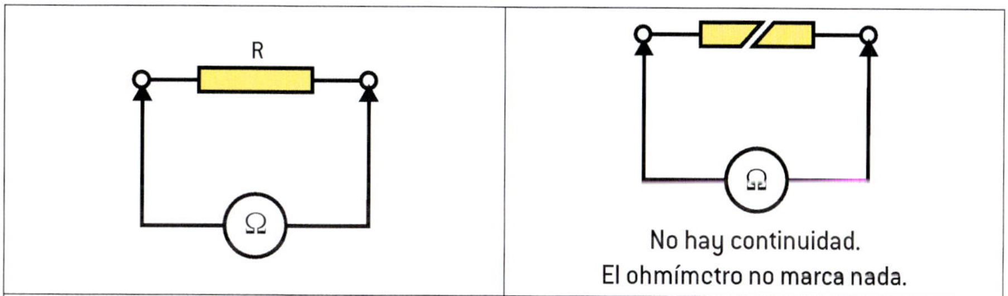

1. Medida de la resistencia. 2. Medida de continuidad.

Figura 2.98. Dos formas de aplicar un ohmímetro.

6. Contadores de energía eléctrica

Aparatos que registran el consumo de energía de una red eléctrica.

Dos tipos de contadores:

- Contadores de energía activa, en kWh.
- Contadores de energía reactiva, en kVArh.

Los contadores pueden ser electromecánicos y electrónicos con diferentes posibilidades.

> **Nota:** por mandato de la CNE (Comisión Nacional de la Energía) y el Ministerio de Industria, los obsoletos contadores electromecánicos fueron sustituidos por contadores electrónicos, lo que ha permitido mejorar la precisión en la medida y la automatización y control de las instalaciones.

Los contadores electrónicos permitirán:

- Eliminar los anticuados sistemas de medida, faltos de precisión y que no han sido revisados en muchos años (algunos de ellos en más de 30 años).
- Proporcionar más precisión y calidad sobre las medidas que realizan.
- Poder hacer discriminación de consumos.
- Aplicar política de ahorro.
- Gestionar la toma de datos a distancia.

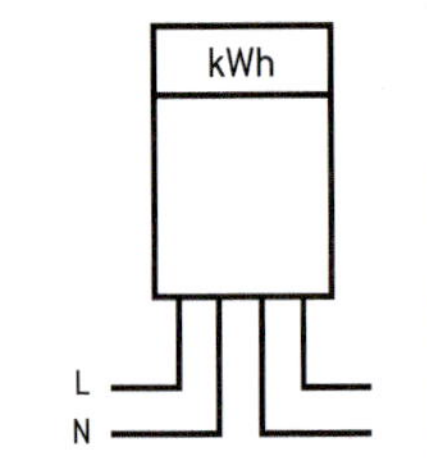	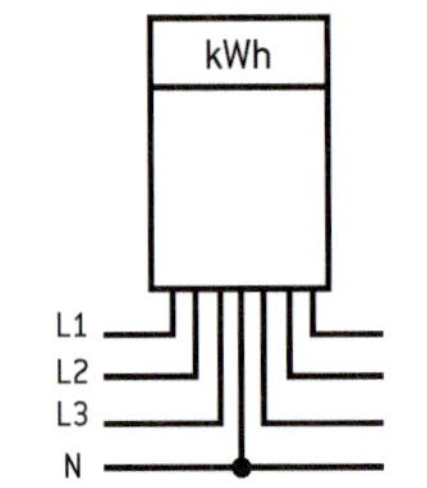	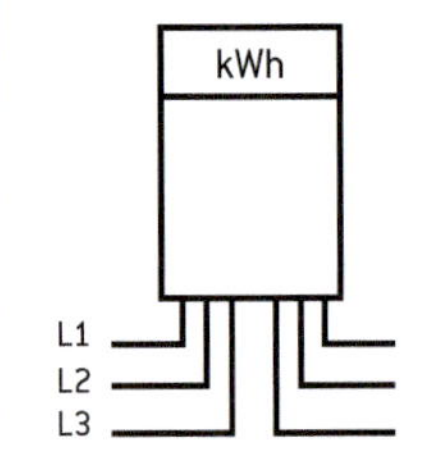	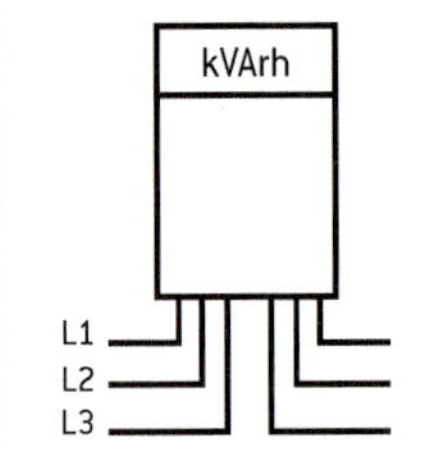
Contador monofásico de energía activa.	Contador trifásico de energía activa. Tres fases y neutro.	Contador trifásico de energía activa. Tres fases.	Contador trifásico de energía reactiva. Tres fases.

Figura 2.99. Representación de contadores de energía por símbolos.

7. Electropinzas

Aparato eléctrico para medir la corriente eléctrica de los conductores sin necesidad de intercalarlo entre los conductores. Medida directa por inducción.

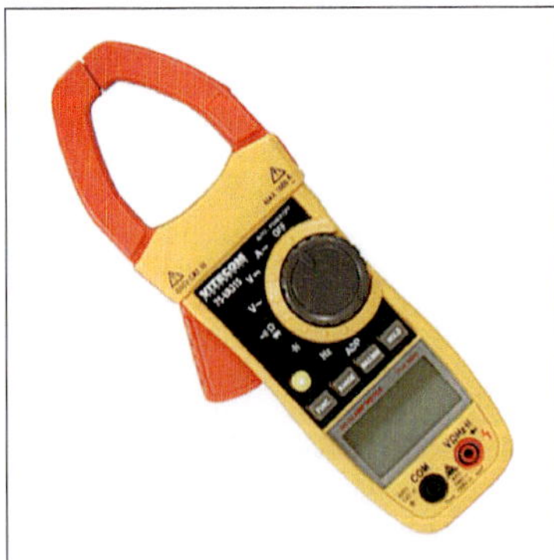	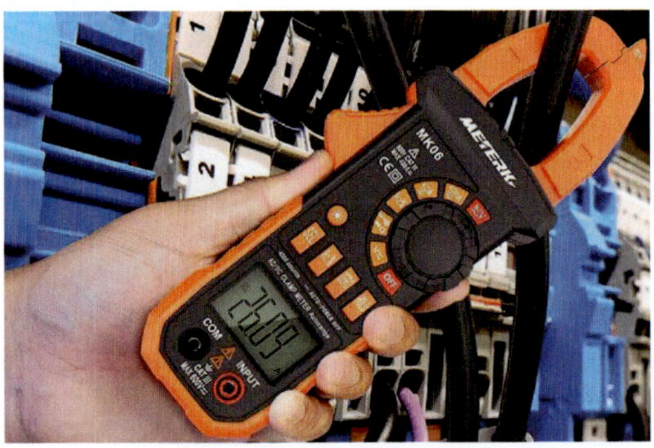
1. Aparato de medida.	2. Forma de hacer la medida.

Figura 2.100. Electropinza con la que se pueden hacer diversas medidas, y de forma especial, la de la corriente alterna por medio de inducción, sin conexiones.

8. Polímetros

Dispositivo de medida polivalente que permite hacer medidas de varias magnitudes eléctricas con el mismo aparato, como: amperímetro CC/CA, voltímetro CC/CA, capacímetro, ohmímetro, frecuencímetro, etcétera.

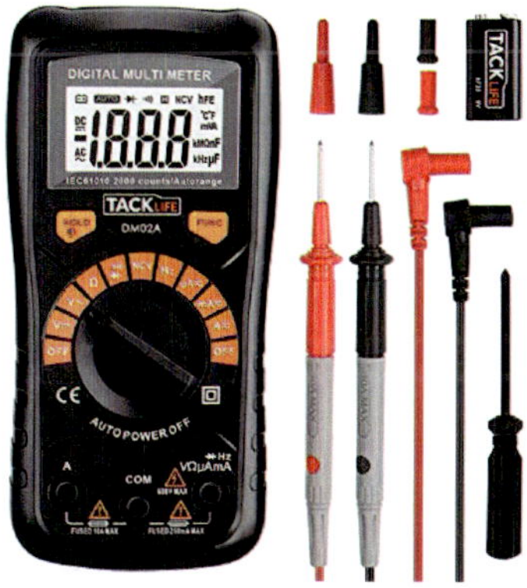

Figura 2.101. Polímetro digital que permite efectuar diversas mediciones de magnitudes eléctricas.

9. Medida de la temperatura

Dado que el control de la temperatura es esencial para los circuitos hidráulicos que aprovechan el calor solar, vamos a estudiar este tema que nos afecta más directamente.

Hay que distinguir que hay varias escalas de medida de la temperatura entre las que está la escala centígrada o Celsius que es la que nosotros empleamos. Hay otras como es la escala básica Kelvin y la escala Fahrenheit utilizada en el ámbito anglosajón.

➤ a) Escalas de temperatura

Tabla 2.54. Relación entre las tres principales escalas

Escalas	Kelvin (K)	Celsius (°C)	Fahrenheit (°F)
Punto de vaporización del agua	373,15	100	212
Punto de fusión del hielo	273,15	0	32
Cero absoluto	0	–273,15	–459,67

➤ b) Instrumentos para medir la temperatura:

- Termómetros de vidrio.
- Termómetros bimetálicos.

- Termopares.
- Termorresistencias.
- Pirómetros de radiación.

  Los termopares y las termorresistencias son el tipo de sonda que se colocan en los circuitos en los que se quiere medir la temperatura del fluido.

- Para temperaturas entre 0 y 120 °C: sondas resistivas PT-100 y PT-1000.
- Para temperaturas mayores de 120 °C: termopares.

c) Termopares

Los termopares (Figura 2.102.1) son pequeños generadores eléctricos que generan pequeñas corrientes eléctricas cuando se les aplica calor y están constituidos por dos metales con diferentes características eléctricas que están soldados en un extremo. Cuando se aplica calor a la unión o soldadura del termopar, la corriente generada es proporcional al calor aportado, lo que sirve para emitir una señal analógica que debidamente tratada se puede aprovechar para dar órdenes a otros elementos para que realicen determinadas acciones.

La diferencia de potencial generada está comprendida entre 0,002 y 80 mV. La señal se transmite mediante conductores compensados convirtiéndose en una señal de corriente que puede variar entre 4 a 20 mA.

Hay diferentes tipos de termopares, atendiendo a la composición de los dos metales.

d) Termorresistencias (Figura 2.102.2)

Como sabemos por la ley de Joule, la resistencia de un conductor aumenta con la temperatura de acuerdo con la siguiente fórmula:

$$R_T = R_0\,[1 + \alpha \cdot (t - t_o)]\ (\Omega)$$

R_0 – Resistencia del elemento a la temperatura inicial considerada.

α – Coeficiente de incremento de la resistencia con la temperatura por cada grado.

t_o – Temperatura inicial, en °C.

Hay dos tipos de termorresistencias que se diferencian por su comportamiento ante el calor.

- **Termorresistencias (RTD)**

  La resistencia eléctrica aumenta con el incremento de la temperatura (efecto Joule), y en este caso se dice que el incremento es positivo (*Positive Temperature Coefficient*) PTC.

  Uno de los materiales más empleados en las termorresistencias es el platino.

  Utilizados para medir temperaturas entre 0 y 120 °C.

  Sondas resistivas PT-100 y PT-1000.

- **Termistores NTC *(Negative Temperature Coefficient)***

  Están compuestos de una mezcla sintetizada de óxidos metálicos.

  Tienen elevada sensibilidad.

  Son de componente negativa, al aplicarles más calor, baja su resistencia. En algunos casos, por cada grado (1 °C) de aumento de temperatura, puede disminuir el valor de la resistencia hasta un 6 %.

  Utilizados para rangos de 150 a 450 °C.

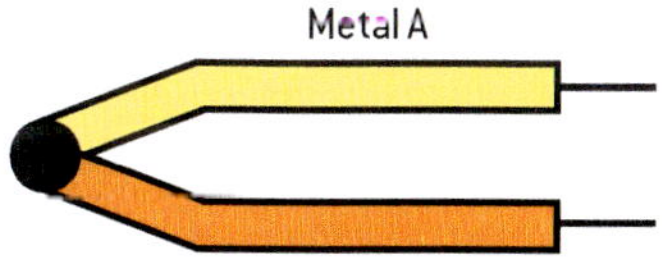	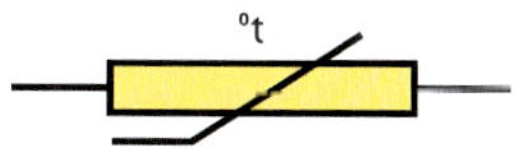
1. Termopar.	2. Termorresistencia.

Figura 2.102. Representación de un termopar y de una termorresistencia.

10. Medida de la presión

La presión de un circuito se mide con un manómetro

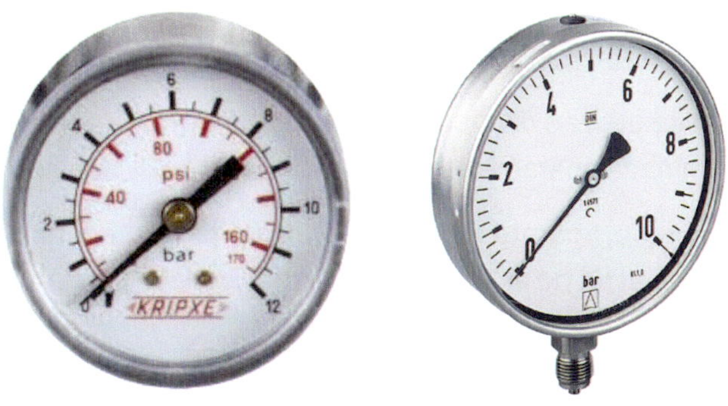

Figura 2.103. Manómetros para medir la presión de un fluido.

11. Otros aparatos de medida

El electricista que monta o mantiene instalaciones solares térmicas utiliza otros dispositivos de medida, como son:

- Tacómetros.
- Cintas de medida.
- Termómetros.
- Calibre (calibrador) o «pie de rey».
- Niveles.

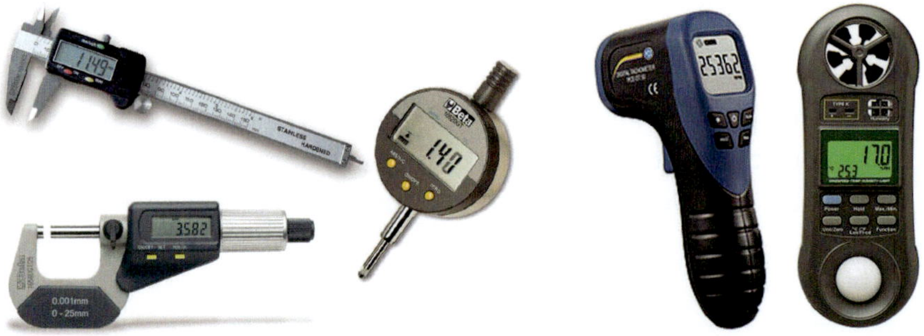

Calibre, comparador de reloj y micrómetro digital. Termómetro láser y anemómetro.

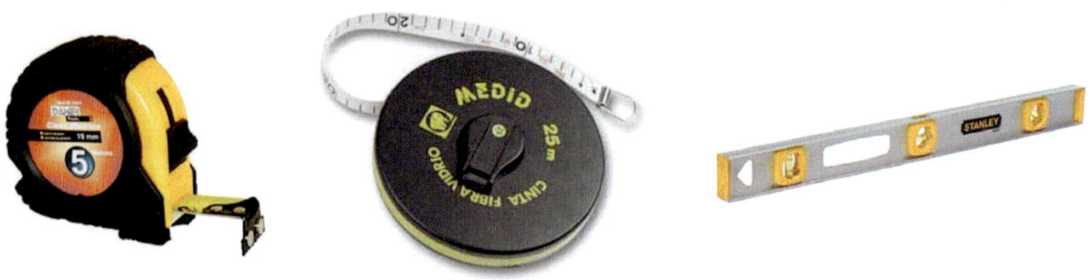

Cintas para medir longitudes Nivel

Figura 2.104. Diversos aparatos de medida.

2.19. ELEMENTOS ELÉCTRICOS DE MANIOBRA EN BAJA TENSIÓN

En baja tensión se utilizan diversos aparatos y elementos que se pueden agrupar en la denominada aparamenta eléctrica.

Aparamenta: equipo, aparato o material previsto para ser conectado a un circuito eléctrico con el fin de asegurar una o varias de las siguientes funciones:

Protección, control, seccionamiento, conexión.

Los circuitos eléctricos que gestionan las instalaciones solares térmicas tienen una aparamenta que les es propia, para el mando y control de las electrobombas de circulación, detectores o sondas térmicas, presostatos, señalización, válvulas y equipos informáticos para la programación del funcionamiento.

2.19.1. Análisis de los diferentes elementos de maniobra

➤ a) Sondas de temperatura

Detectar la temperatura del fluido en diferentes partes de la instalación.

➤ b) Detectores

Pueden ser de presión o de otra magnitud.

➤ c) Válvulas pilotadas

Algunos circuitos incorporan válvulas de dos y tres vías con pilotado eléctrico.

➤ d) Bombas de circulación

Imprescindibles en muchos circuitos para hacer circular el fluido.

➤ e) Equipos de regulación

Necesarios para controlar automáticamente el funcionamiento de las instalaciones solares térmicas.

➤ f) Presostatos

Para medir la presión de los circuitos hidráulicos. Pueden ser para presión máxima, para mínima o presiones diferenciales (máxima/mínima).

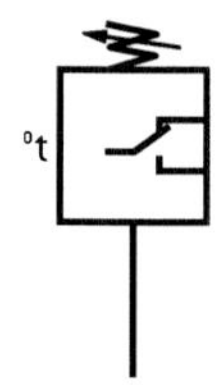	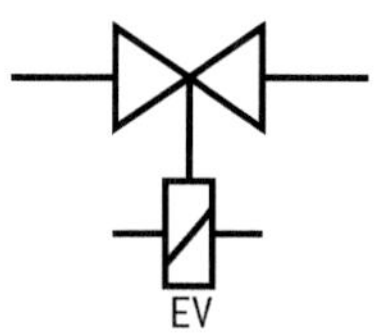	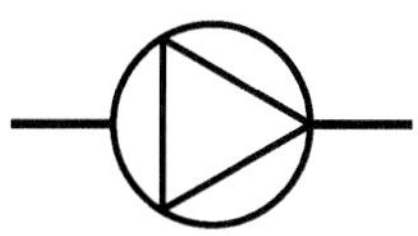	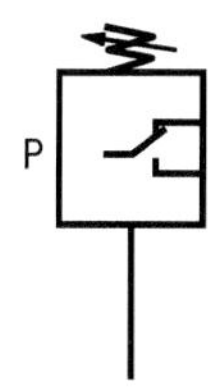
1. Detector de temperatura.	2. Válvula con pilotado eléctrico (electroimán).	3. Bomba de circulación.	4. Presostato.

Figura 2.105. Elementos de un circuito hidráulico solar térmico.

2.19.2. Otros elementos de maniobra

También se utilizan en las instalaciones otros elementos complementarios, como:

- Transformadores de tensión (elevadores o reductores).

  Se hace uso de transformadores, cuando los aparatos funcionan a tensiones superiores o inferiores a las de la red.

- Rectificadores de corriente.

  Cuando los receptores son de corriente continua, habrá que suministrarles corriente continua que se obtiene por medio de rectificadores de corriente que invierten la corriente alterna (CA) en corriente continua (CC).

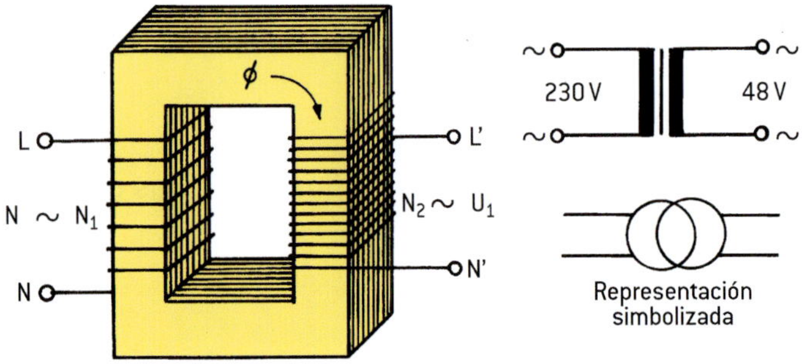

Figura 2.106. Varias formas de representar un transformador monofásico.

Tres partes que considerar:

- Bobinado primario N_1.
- Bobinado secundario N_2.
- Circuito magnético.

Los rectificadores de corriente (CA/CC) pueden ser monofásicos o trifásicos y ser rectificadores de semionda u onda completa, como podemos apreciar en los esquemas representados en la Figura 2.107.

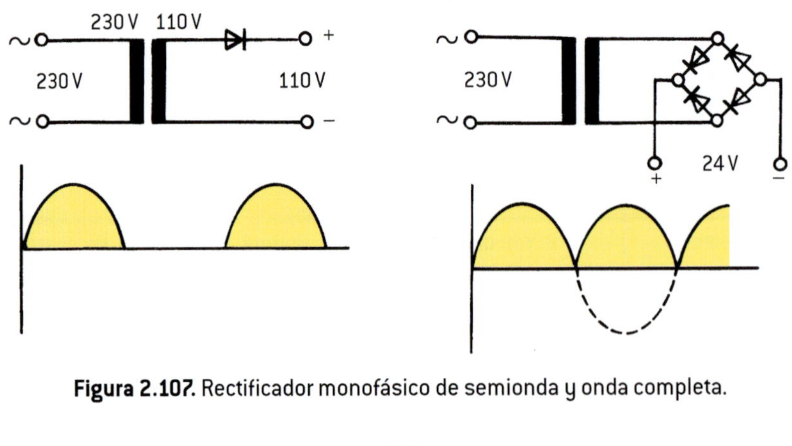

Figura 2.107. Rectificador monofásico de semionda y onda completa.

2.20. PRINCIPIOS DE REGULACIÓN Y CONTROL

Iniciamos este apartado presentando una instalación solar térmica para agua caliente sanitaria (ACS), en la que vemos los puntos de emplazamiento de los sensores de temperatura, que son elementos necesarios para el control automático de estas instalaciones.

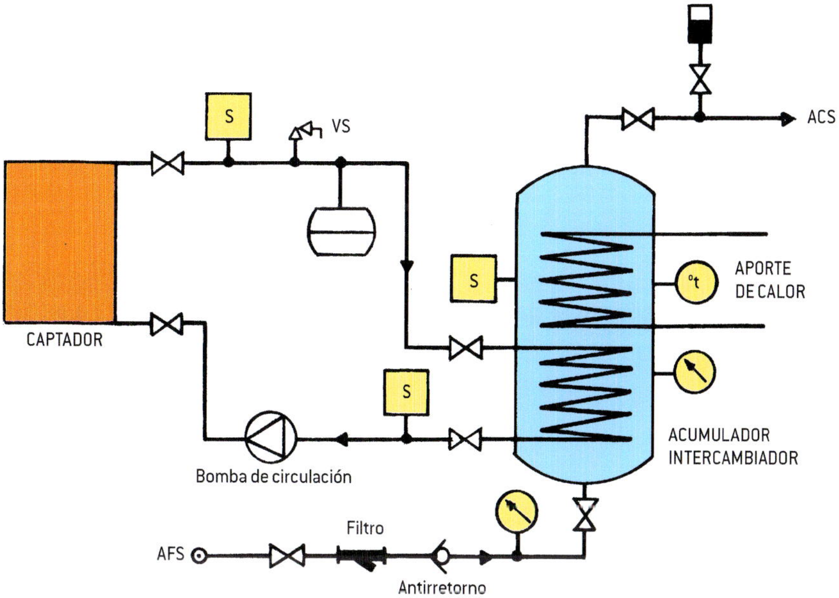

Figura 2.108. Instalación solar térmica para agua caliente sanitaria con intercambiador en el propio acumulador, más otro intercambiador de aporte externo de calor.

Tres son los elementos principales que se utilizan para la regulación y control de los sistemas solares térmicos, que son: sensores, reguladores y actuadores.

➤ a) Sensores

Dispositivos que tienen la finalidad de medir las variables que controlar en la instalación, como lo son las temperaturas, para lo que se emplean termopares, termorresistencias, termistores, diodos de silicio y de germanio, y otros.

Respecto a las sondas de temperatura

Las sondas de temperatura convienen que sean de inmersión y estar bañadas por el fluido cuya temperatura se pretende medir, si esto no es posible, lo más cerca del fluido.

La toma de medidas de temperatura se realizará por medio de termopares, termómetros de resistencia o termistores.

Se emplearán preferentemente las siguientes tecnologías de medida:

- Para temperaturas entre 0 y 120 ºC: sondas resistivas PT-100 y PT-1000.
- Para temperaturas mayores de 120 ºC: termopares.
- Para presiones manométricas: transductores piezoeléctricos.
- Para caudales: caudalímetros de turbina con emisores de impulsos.

Los sensores y transductores que se empleen en estas instalaciones se adaptarán a las características de las señales que se desean medir. Para las medidas analógicas se procurará emplear transductores en lazo de corriente (4 ÷ 20 mV), sobre los de lazo de tensión.

➤ b) Reguladores

Dispositivos que generan señales utilizadas en el control del circuito a partir de las señales captadas y que se ajustan a consignas dadas. Pueden ser termostatos o reguladores proporcionales.

➤ c) Actuadores

Dispositivos de maniobra que actúan al recibir una señal de control para regular flujos y temperaturas. Estos dispositivos son los relés, contactores, válvulas pilotadas, válvulas de control, electroválvulas, etcétera.

➤ d) Normativa RITE-IT 04

Según esta normativa los elementos de regulación y control deberán tener probada su aptitud a la función, mediante la declaración del fabricante, de que sus productos son conformes a normas o reglas internacionales de reconocido prestigio.

➤ e) ITE 10.1.5 Sistema de regulación y control

El control de funcionamiento normal de las bombas será siempre de tipo diferencial y debe actuar en función de la diferencia entre la temperatura del fluido caloportador en la salida de la batería de colectores, y la del depósito de acumulación.

➤ f) Varios sistemas de regulación

Hay varios sistemas de regulación, pero citamos los más representativos.

1. Regulación por termostato

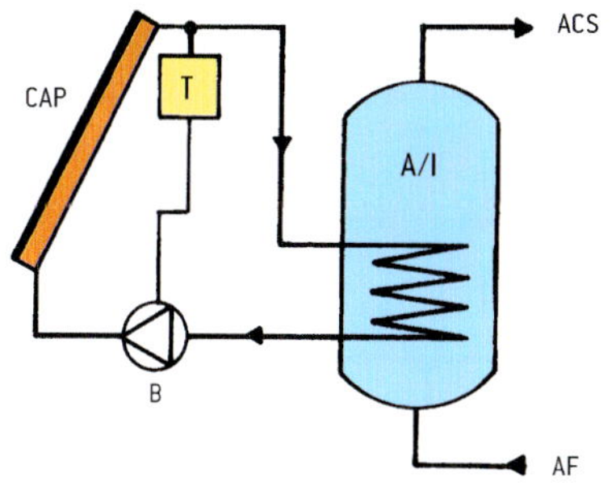

Se trata de una regulación muy simple y consiste en poner en servicio la bomba cuando el sensor alcance la temperatura de consigna.

2. Regulación por temperatura diferencial con actuación sobre la bomba

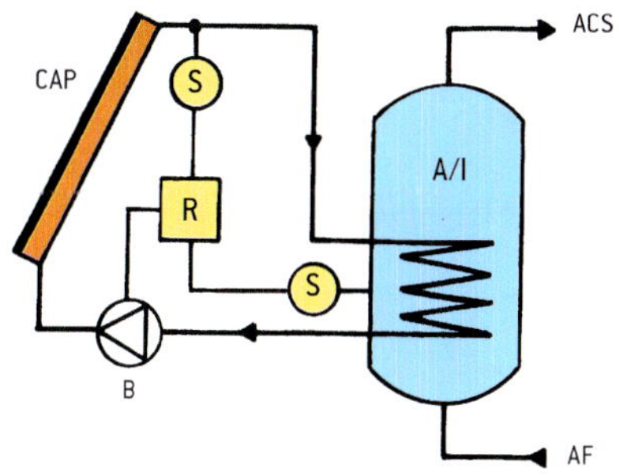

El control se hace sobre la diferencia de temperatura entre salida de colectores y la parte inferior del acumulador.

3. Regulación por temperatura diferencial y válvula de conmutación

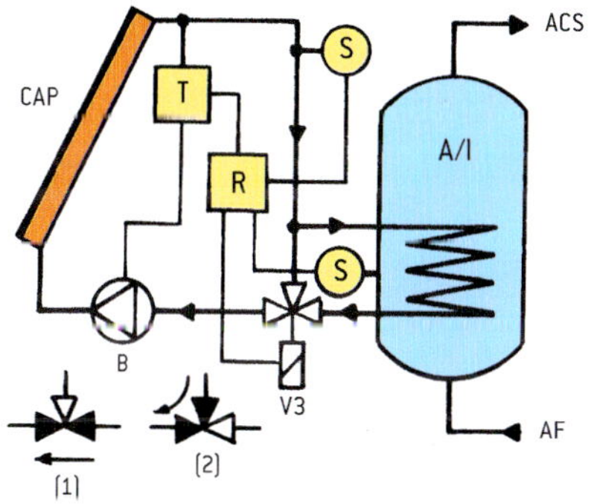

Una variante del caso anterior que incluye una válvula de tres vías que recircula el fluido caloportador por los captadores hasta que no alcance una determinada temperatura.

4. Regulación por temperatura diferencial y válvula mezcladora progresiva

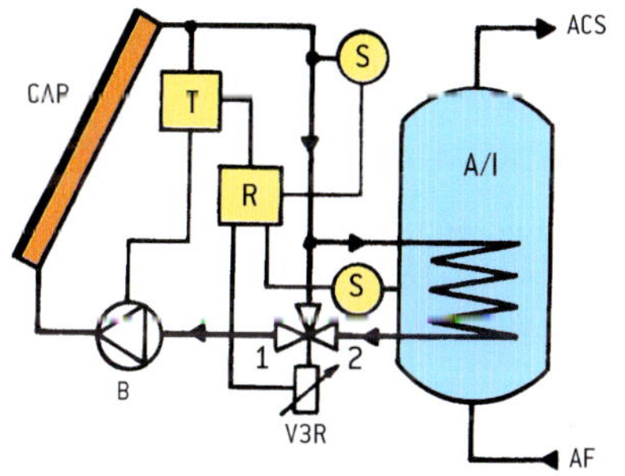

El esquema tiene una válvula de tres vías que permite un paso regulado de caudal dependiendo de su temperatura.

LEYENDA:

CAP Captador.
A/I Acumulador/Intercambiador.
B Bomba.
T Termostato.
R Regulador de temperatura diferencial.
V3 Válvula de 3 vías accionada eléctricamente, (1) retorno y (2) paso por intercambiador.
V3R Válvula de 3 vías accionada eléctricamente, con regulación de paso en sentido (1) o (2).
AF Agua fría.
ACS Agua caliente sanitaria.

Figura 2.109. Cuatro formas de regulación y funcionamiento del circuito primario.

El sistema de control actuará y estará ajustado de manera que las bombas no estén en marcha cuando la diferencia de temperaturas sea menor que 2 °C y no estén paradas cuando la diferencia sea mayor que 7 °C. La diferencia de temperaturas entre los puntos de arranque y de parada del termostato diferencial no será menor que 2 °C.

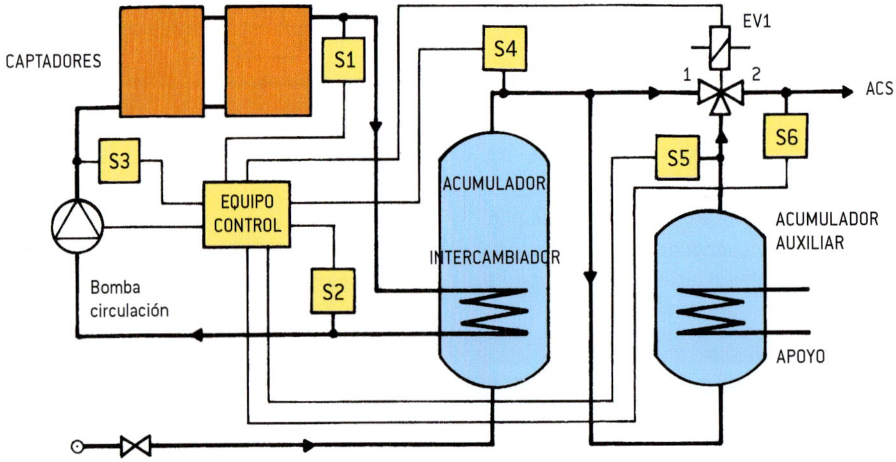

Figura 2.110. Ejemplo de regulación de la instalación por termostato diferencial y válvula de conmutación.

El control del circuito se realiza mediante sondas de temperatura distribuidas por el circuito.

El sistema de control a través de su equipo o aparato centralizado se ocupa del correcto funcionamiento del conjunto del circuito. Este control permitirá el aprovechamiento máximo de la energía solar térmica y así reducir al mínimo posible el consumo de otras formas de energía.

El sistema de control evitará que se produzcan temperaturas elevadas que puedan perjudicar los materiales y componentes de la instalación.

En el circuito primario (captación), la bomba tendrá un funcionamiento diferencial en función del salto de temperatura entre la salida y entrada al sistema captador, también, por la diferencia de temperaturas entre la salida de captadores y el acumulador de calor, o por la diferencia de temperaturas entre la entrada al intercambiador por el lado del circuito primario y el acumulador de calor.

Para el resto del circuito, el control de las bombas será de tipo diferencial, comparando las temperaturas calientes con las frías.

Las captaciones de temperatura se instalarán en los puntos más sensibles y fiables de la instalación para garantizar la realidad de la medida.

Si el control de funcionamiento de las bombas es diferencial, la precisión del sistema de control y la regulación de los puntos de consigna asegurarán que las bombas estarán paradas con diferencias de temperaturas menores de 2 ºC, y en marcha, con diferencias superiores a 7 ºC.

La diferencia de temperaturas entre el punto de arranque y parada del control diferencial de temperaturas no será inferior a 2 ºC.

El sistema de control incluirá señalizaciones visibles de la alimentación del sistema y del funcionamiento de bombas.

El rango de temperatura ambiente de funcionamiento del sistema de control será como mínimo entre –10 y 50 ºC.

Observación: aunque de entrada parezca que los automatismos para estas instalaciones son sencillos, no es verdad, porque están sujetos a muchas variables, que gracias al control lógico programable es posible aunar tecnologías, datos de control y ordenar acciones encaminadas al óptimo aprovechamiento de la energía solar térmica.

g) Gestión de una instalación

Un equipo electrónico o centralita realiza la gestión de una determinada instalación, cuyas características principales podrían ser alguna de estas:

- Carga de uno o dos acumuladores con serpentín doble con integración de calor de la caldera.
- Gestión de dos acumuladores en cascada.
- Gestión de un acumulador/intercambiador.
- Posibilidad de dos campos de colectores.
- Posibilidad de descarga térmica.
- Posibilidad de interfaz del visualizador.
- Varias entradas sonda, varias salidas relé.
- Una salida para bomba solar modulante.
- Diferenciales de temperatura regulables.
- Programación histéresis.
- Una entrada de impulsos para la contabilización del calor.
- Función de antibloqueo bomba.

- Función de protección del colector.
- Función de descarga térmica nocturna del acumulador con el colector.
- Gestiones y controles varios.

2.21. EL CONTROL LÓGICO PROGRAMABLE

Hasta hace poco tiempo el control de procesos industriales se hacía por medio de relés (técnica cableada).

Esta tecnología tenía bastantes dificultades de programación y de incorporar elementos de captación y otras formas de control. Los equipos resultaban muy grandes en volumen y en cantidad de aparatos auxiliares.

En la actualidad, no se puede entender un proceso complejo de alto nivel desarrollado por técnicas cableadas, incluso, para las pequeñas instalaciones. El procesador y los autómatas programables han sustituido las técnicas a base de lógica cableada por otras controladas de forma programada. Esta función la realizan los ordenadores comúnmente denominados autómatas programables.

Los equipos eléctricos que pilotan las instalaciones solares térmicas que tienen cierta dificultad técnica están controlados por equipos lógicos programables que permiten el funcionamiento de la instalación mediante un programa de funcionamiento que suministra el constructor o instalador. Tiene la posibilidad de cambiar determinados parámetros cuando así interese a la utilización.

El control lógico permitirá al conjunto de la instalación realizar funciones que estarán de acuerdo con los parámetros y controles fijados, como son:

- Que no se superen, en la utilización del ACS, temperaturas superiores a las fijadas, por ejemplo, 50 °C.
- Que las bombas entren en servicio y parada cuando así convenga a la instalación.
- En la climatización de piscinas se realizará el control de temperaturas mediante detectores de temperatura en el retorno, en el intercambiador y en la impulsión del agua caliente.
- Realizará el control contra heladas, para que la temperatura del fluido caloportador no descienda por debajo de cuatro grados superior al punto de congelación.

En la Figura 2.111 se representan las partes principales de un pequeño autómata programable.

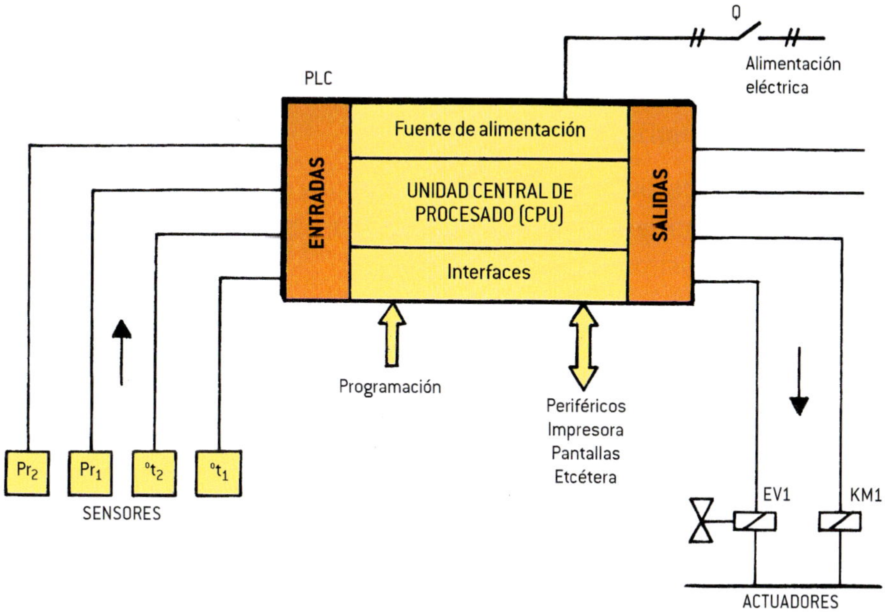

Figura 2.111. Elementos principales de un autómata programable.

Partes principales de un PLC o autómata programable:

- Fuente de alimentación.
- Unidad central de procesado (CPU) que controla las señales recibidas (entradas), las gestiona y manda órdenes de ejecución (salidas), funcionando de acuerdo con las instrucciones recogidas en el programa. Dialoga y manda información.
- Interfaces.
- Cartas o módulos de entrada. Señales que provienen de los sensores.
- Cartas o módulos de salida. Mandan órdenes de ejecución a los actuadores, como es accionar una válvula, que entre en servicio la motobomba, que calienten las resistencias de apoyo, etcétera.
- Las señales de entradas/salidas pueden ser: analógicas, digitales o especiales.

El instalador realizará las siguientes tareas:

- Alimentar al autómata (PLC).
- Conexionar los conductores que llegan desde los sensores (cartas de entrada).

- Conexionar los conductores que salen hacia los actuadores (cartas de salida).
- Realizar los ajustes en el autómata que determine el fabricante.

Sistemas de monitorización

Para realizar un adecuado control de seguimiento y evaluación de las instalaciones solares térmicas, es recomendable utilizar sistemas de monitorización que permitirán registros y controles sobre:

- Temperaturas de los distintos sistemas, circuitos y ambiente.
- Caudales de fluidos térmicos y agua de los diferentes circuitos.
- Radiación solar global sobre los distintos planos de captadores.
- Presión de trabajo en cada uno de los circuitos.
- Consumo de energía eléctrica.
- Consumo de energía en los sistemas de apoyo.
- Estado de posicionamiento de las válvulas de 3 vías.
- Estado de funcionamiento de las bombas.

ACTIVIDADES FINALES

A continuación, y a modo de repaso sobre la materia estudiada, se presenta una serie de preguntas para que puedas evaluarte sobre los conocimientos adquiridos.

2.1. ¿Qué es electricidad?

2.2. ¿Qué son las centrales eléctricas?

2.3. ¿Qué funciones cumple la aparamenta eléctrica?

Indica dos elementos para cada una de ellas.

2.4. Recuerda estas magnitudes, y señala sus unidades:

- **Tensión.............**
- **Intensidad........**
- **Resistencia......**
- **Potencia...........**

2.5. Memoriza las tres fórmulas de la ley de Ohm.

2.6. En circuitos inductivos monofásicos y trifásicos se distinguen tres tipos de potencia, ¿cuáles son y sus unidades?

2.7. ¿Qué se entiende por acometida en una instalación eléctrica?

2.8. ¿Con qué elemento de protección está equipada la caja de acometida?

2.9. ¿De qué protegen los fusibles?

2.10. ¿Dónde hay que colocar fusibles?

2.11. ¿Se puede interrumpir el conductor de protección con interruptores u otros dispositivos?

2.12. ¿Con qué esquema se distribuye la corriente eléctrica en las instalaciones en baja tensión?

2.13. ¿Quién suministra el conductor de protección PE?

2.14. ¿Qué funciones cumple un interruptor automático magnetotérmico?

2.15. ¿Qué funciones cumple el interruptor diferencial en los circuitos en que está incorporado?

2.16. ¿Cuál es el dato que identifica a un interruptor diferencial?

2.17. Características principales de los motores que accionan las motobombas.

2.18. ¿Cómo se colocan las plaquitas en un motor trifásico en las conexiones estrella (Y) y triángulo (Δ)?

2.19. **Para la protección de circuitos electrónicos se emplean interruptores automáticos de efecto magnetotérmico, ¿con qué curva?**

2.20. **¿Qué es un contactor?**

2.21. **¿A qué se denomina guardamotor?**

2.22. **El cuadro general que se coloca en el inicio de instalaciones de viviendas y otros suministros, consta de...**

2.23. **¿Qué ventaja tiene el contactor?**

2.24. **¿Con qué sensibilidad se instalan los interruptores diferenciales (ID) en las viviendas?**

2.25. **¿Dispositivos de protección contra un contacto directo?**

2.26. **¿Dispositivo principal de protección contra un contacto indirecto?**

2.27. **¿En qué se diferencia un conductor de un cable eléctrico?**

2.28. **Determina la sección de un conductor cuyo diámetro es de 2,4 mm.**

2.29. **Determina la intensidad absorbida por un receptor monofásico conectado a una red de 230 V que tiene una potencia de 2500 W.**

2.30. **¿En qué se fundamenta una electropinza para hacer la medida de la intensidad y cómo se hace la medida?**

2.31. **Determina la potencia de un motor trifásico que absorbe de la línea 10,2 A, si la tensión es de 400 V y el factor de potencia $\cos \varphi = 0,86$.**

2.32. **Identifica las tres fases, el neutro y el conductor de protección por sus letras.**

2.33. **¿Con qué color del aislamiento se identifican los conductores?**

2.34. **¿Qué tipo de sondas se emplean en función del valor de la temperatura?**

3. Montaje de circuitos y equipos eléctricos de instalaciones solares térmicas

Contenidos

INTRODUCCIÓN

Este capítulo tiene un contenido práctico respecto a la ejecución de las instalaciones eléctricas que automatizan las instalaciones solares térmicas. Toda tecnología tiene elementos que les son propios como es en este caso los relacionados con la detección y control de temperatura, válvulas automatizadas y bombas que ponen el fluido en circulación dependiendo de las temperaturas en los diferentes puntos de la instalación.

Los montajes tienen las mismas consideraciones que otros tipos de circuitos en lo que se refiere a la forma de trabajar, equiparse y técnicas que aplicar.

La última cuestión tratada es el Reglamento Electrotécnico para Baja Tensión. Debe ser un libro que siempre se tenga a mano, y que se consulte siempre que se tenga alguna duda sobre la normativa que aplicar y la forma de proceder o elegir materiales.

OBJETIVOS

Realizar operaciones de montaje de los circuitos y equipos eléctricos de instalaciones solares térmicas a partir de la documentación técnica, utilizando las herramientas, equipos y materiales adecuados y actuando bajo normas de seguridad.

- Describir los requerimientos de las áreas de trabajo y los procedimientos para su preparación, determinando los riesgos eléctricos específicos correspondientes y sus medidas correctoras, y los métodos y procedimientos para desplazar los equipos y materiales en condiciones de seguridad y analizar los criterios para su adecuada ubicación, eligiendo los equipos y herramientas para preparar, colocar y conectar los elementos eléctricos de las instalaciones solares térmicas.
- Describir los tipos de soportes y anclajes habituales en las instalaciones eléctricas y los procedimientos de colocación respetando las distancias reglamentarias.
- Analizar las técnicas y procedimientos de montaje y conexión de canalizaciones y conductores, de cuadros eléctricos de protección y control, termostatos, sondas y demás elementos eléctricos de las instalaciones solares térmicas, y preparar el área de trabajo de acuerdo con los requerimientos de la propia obra, identificando los riesgos eléctricos específicos correspondientes y adoptando las medidas correctoras.
- Desplazar y ubicar los equipos y materiales, en condiciones de seguridad ubicándolos en el lugar más adecuado al trabajo que realizar.

- Efectuar el replanteo de la instalación eléctrica y distribuir los elementos y equipos necesarios: cuadros eléctricos de protección y control, canalizaciones, conductores, cajas de registro, termostatos, sondas de temperatura, bombas, circuladores, electroválvulas.
- Realizar el montaje de canalizaciones y conductores del cuadro eléctrico de protección y control, de los termostatos, sondas y demás elementos captadores de señales, así como de conductores eléctricos según el Reglamento Electrotécnico de Baja Tensión y demás normativa de aplicación.

Figura 3.1. Paneles solares térmicos (captadores) en un edificio de viviendas.

3.1. ESPECIFICACIONES DE MONTAJE

Para la realización de un determinado montaje nos encontramos con la siguiente información, cuya extensión dependerá del volumen del mismo, y que podría ser la siguiente:

- Descriptivo de la instalación (Cuaderno de Cargas).
- *Planning* de realización.
- Equipamiento.
- Planos y documentos de instalación.
- Materiales que instalar.
- Información verbal que nos puedan dar.
- Dificultades técnicas que puedan darse o que haya que resolver.
- Seguridades que aplicar.
- Equipamiento personal y colectivo respecto a la seguridad y herramientas necesarias.

3.1.1. Componentes de una instalación solar térmica

Enumeramos los principales elementos de una instalación solar térmica, muchos de los cuales podemos encontrar en los esquemas que se estudian a continuación.

Como resulta lógico, estudiamos esquemas simples, pero en la realidad hay circuitos más complejos que se fundamentan en estos esquemas básicos.

• Captadores solares térmicos. • Intercambiadores de calor. • Acumuladores de calor. • Bombas de circulación. • Acumulador con intercambiador incorporado. • Vaso de expansión. • Válvulas de cierre. • Válvulas de seguridad. • Válvulas de retención. • Válvulas de purga. • Válvulas de 2, 3 y 4 vías pilotadas. • Vasos de expansión. • Tuberías rígidas y flexibles. • Materiales eléctricos.	• Aislamientos para evitar fugas de calor. • Filtros. • Manómetros. • Presostatos. • Termómetros. • Termostatos. • Automatismo eléctrico de maniobra y control. • Sistema de monitorización. • Equipos de medida: — de temperatura. — de caudal. — de energía. — de presión. • Equipo de regulación y control.

3.1.2. Instalaciones solares térmicas

Hay muchos tipos de instalaciones solares térmicas siendo el circuito primario muy similar para todas ellas, no así el circuito secundario que se complica a medida que se incluyen además del agua caliente sanitaria, calefacción, o acondicionamientos varios, pudiendo efectuar el suministro para uno o varios usuarios, etcétera.

Es conveniente que el electricista conozca la tecnología solar térmica y también sus componentes, parte de ellos los hemos estudiado en el Capítulo 2. A continuación se presentan varios esquemas, partiendo de sencillas aplicaciones, para mostrar a continuación circuitos más complejos. Para hacer más simples los circuitos en muchos de ellos se suprimen valvulería y elementos auxiliares hidráulicos.

Esquema 1

Este esquema tiene el dispositivo electrónico de control de temperaturas a partir del cual se manda entrar en servicio o parar a la bomba de circulación. Suministro de ACS.

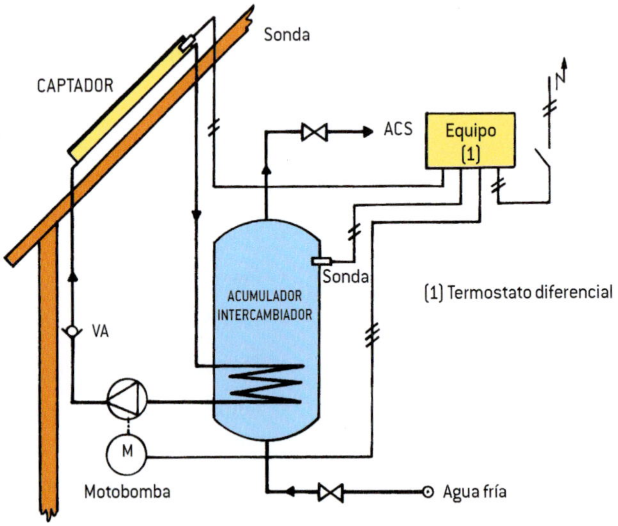

Figura 3.2. Circuito correspondiente al esquema 1.

Esquema 2

Este esquema comprende el circuito primario, el sistema electrónico de control y el apoyo de calor que puede ser por gas. Suministro de ACS.

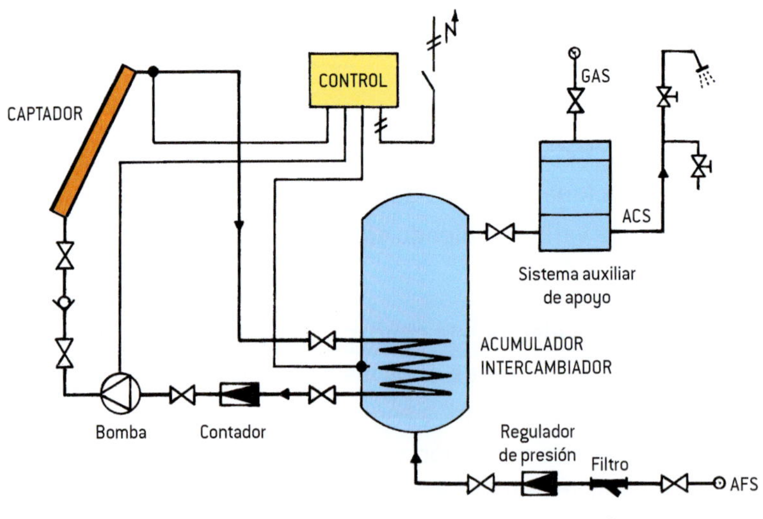

Figura 3.3. Circuito correspondiente al esquema 2.

Esquema 3

Representación simplificada de los circuitos primario y secundario con equipo auxiliar de apoyo, mostrando las temperaturas suministradas y finalmente un mezclador para proporcionar ACS entre 45 y 50 °C.

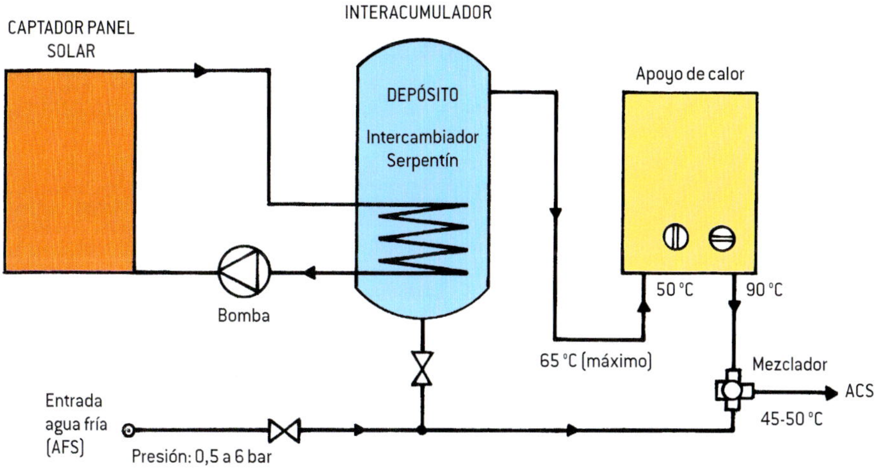

Figura 3.4. Circuito correspondiente al esquema 3.

Esquema 4

Circuito primario con sistema de control.

El sistema auxiliar de apoyo entrará en servicio cuando la temperatura que sale del intercambiador/acumulador sea ≤ 45 °C, proporcionándole al agua un calentamiento adicional hasta llegar, por ejemplo, a 60 °C.

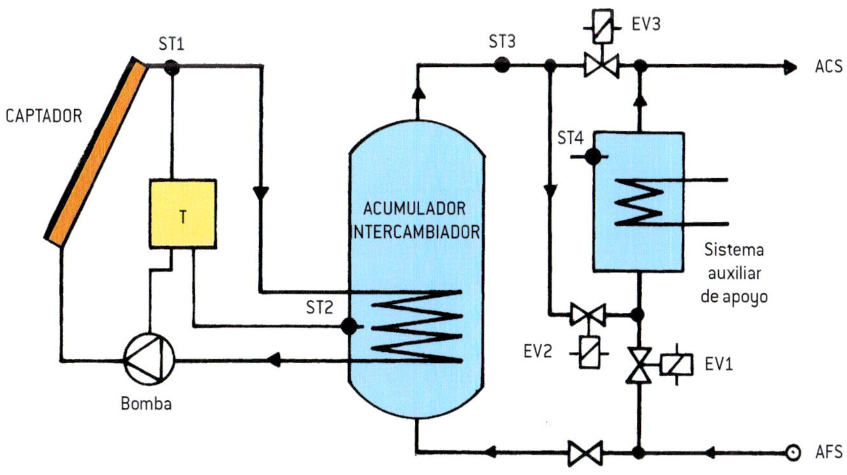

Figura 3.5. Circuito correspondiente al esquema 4.

Esquema 5

En este esquema, el intercambio de calor en el acumulador se hace por doble cámara del mismo, y no por serpentín (tubería incluida en el interior del depósito acumulador).

El circuito tiene un equipo auxiliar de apoyo que funciona por gas.

Se suministra ACS y agua caliente para calefacción.

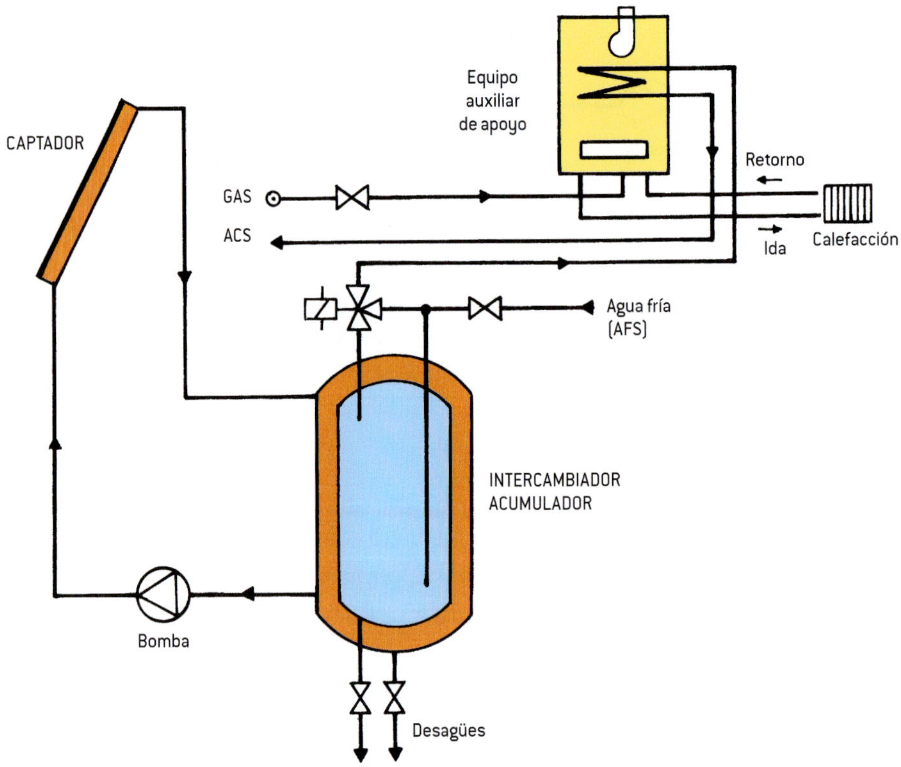

Figura 3.6. Circuito correspondiente al esquema 5.

Esquema 6

Instalación para alimentar con agua caliente a un grupo de viviendas. En este caso, el apoyo es individual (en cada vivienda) por medio de una caldera, un calentador o un termo eléctrico. Cada circuito es independiente ya que el agua caliente alimenta un intercambiador después de pasar por un contador de calor (kWh).

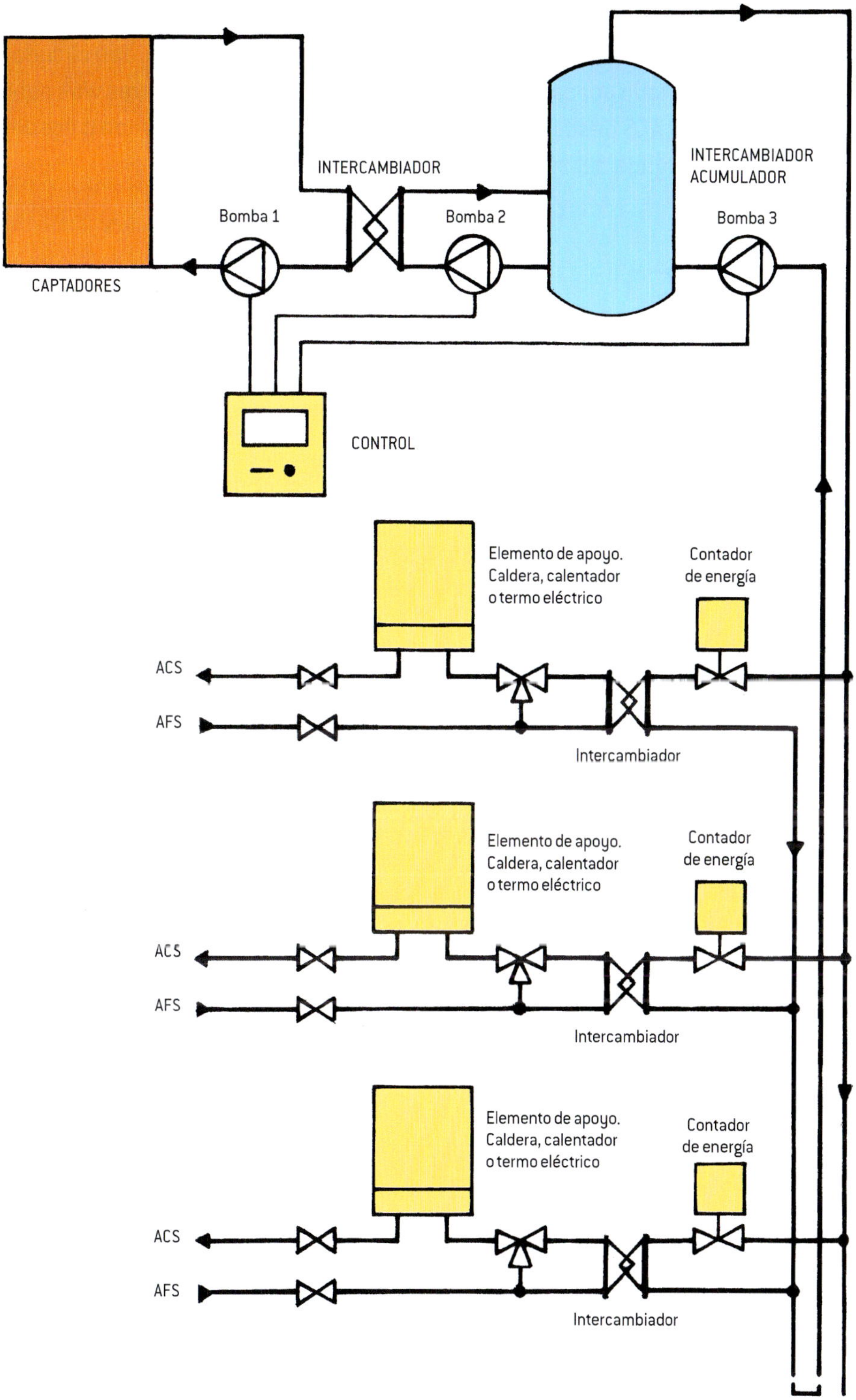

Figura 3.7. Circuito correspondiente al esquema 6.

Esquema 7

Circuito complejo que incluye además del circuito primario clásico, otro circuito de apoyo alimentado por caldera de gas o gasóleo. Una válvula de tres vías permite suministrar ACS desde el primer acumulador, o desde el segundo o desde el primero, con ayuda del segundo.

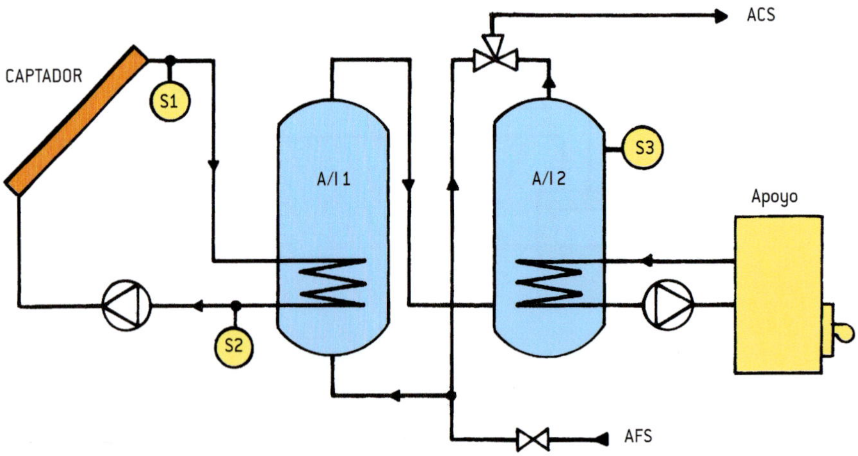

Figura 3.8. Circuito correspondiente al esquema 7.

Esquema 8

Circuito que proporciona desde el circuito primario (acumulador/intercambiador) agua caliente sanitaria (ACS) y, a través de un intercambiador, agua caliente para climatizar una piscina.

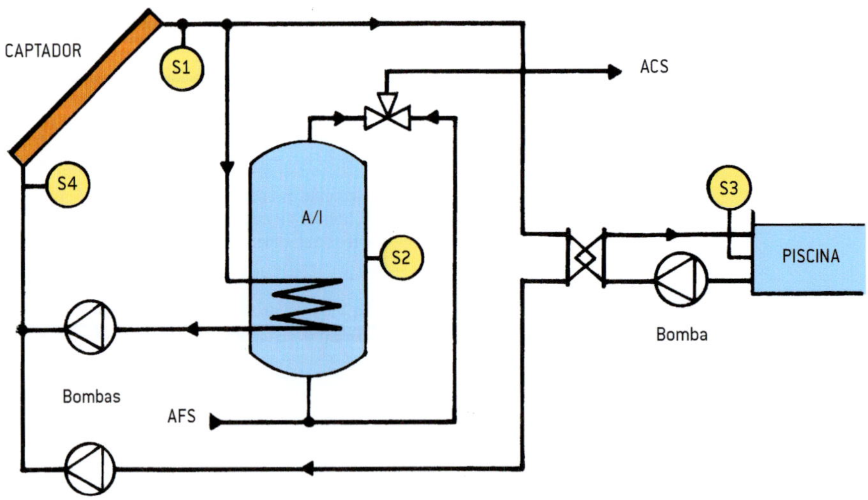

Figura 3.9. Circuito correspondiente al esquema 8.

Esquema 9

Esquema primario con todos sus elementos hidráulicos, con intercambio de calor en el depósito acumulador.

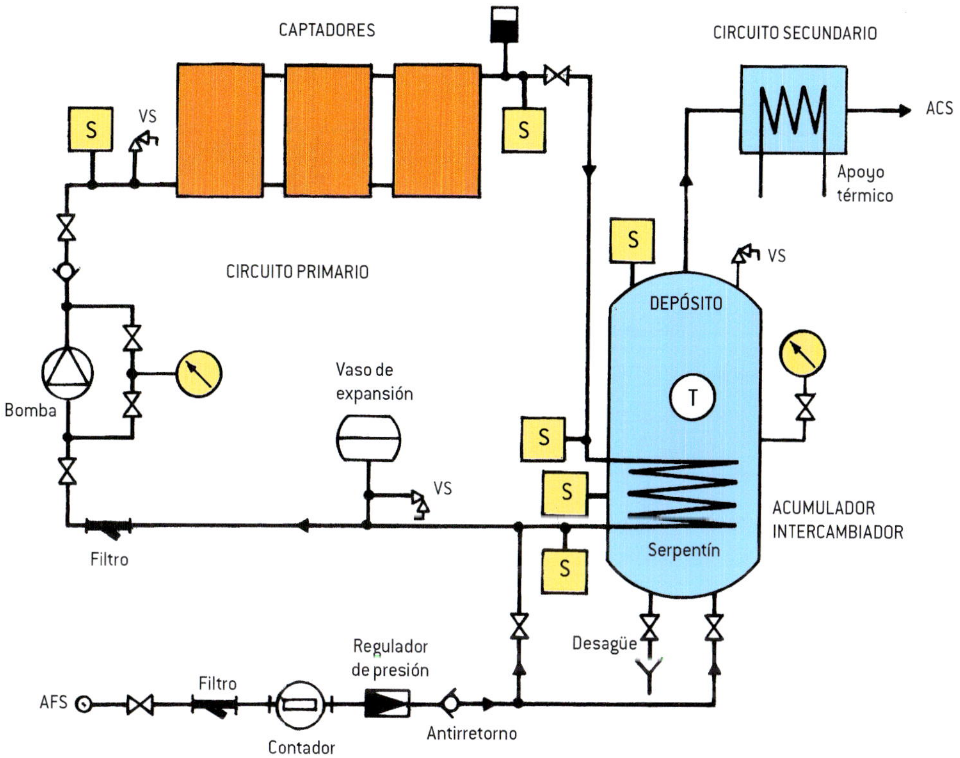

Figura 3.10. Circuito correspondiente al esquema 9.

3.1.3. Instalaciones eléctricas solares térmicas

A continuación estudiamos un ejemplo de instalación eléctrica para automatizar su funcionamiento en función de las temperaturas que se tengan en diferentes puntos de la instalación hidráulica y el programa que se haya elegido.

En este circuito hay que alimentar el equipo de control de temperaturas con sus entradas de información y sus salidas hacia actuadores, como pueden ser las bombas de circulación, las válvulas pilotadas, las válvulas dosificadoras, las resistencias calefactoras y otras maniobras que interesen al funcionamiento del circuito.

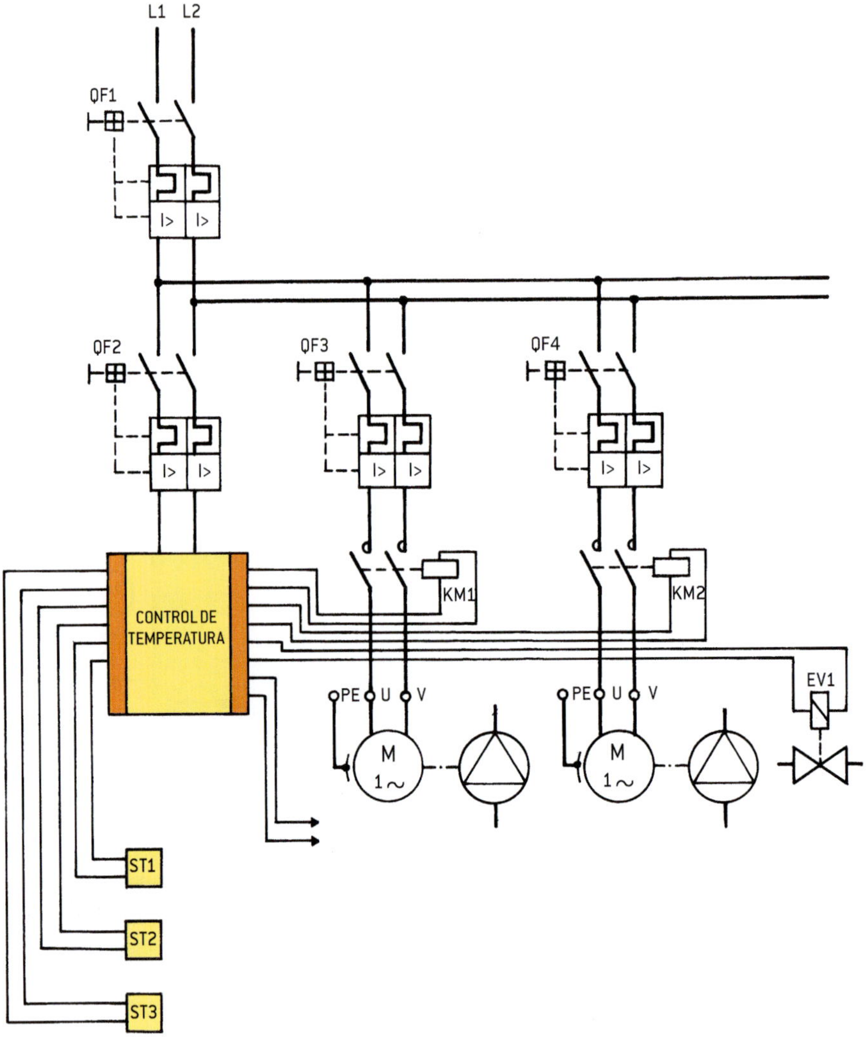

Figura 3.11. Instalación eléctrica para un circuito solar térmico.

Todos los elementos de protección y maniobra estarán situados (centralizados) en un cuadro o armario eléctrico.

3.2. PROCEDIMIENTOS Y OPERACIONES DE PREPARACIÓN DEL MONTAJE DE LAS INSTALACIONES ELÉCTRICAS

Para preparar un determinado montaje se procederá como sigue:

- Recepción de la documentación citada en el apartado anterior para su estudio.
- Preparación de los materiales.

- Preparación de las herramientas incluidos aparatos de medida y comprobación.
- Determinación del equipo de trabajo.
- Preparación de los equipos de protección.
- Información sobre el trabajo que realizar.
- Información al personal sobre el trabajo que realizar, las consignas de seguridad que aplicar y los equipos que utilizar.
- Información necesaria para actuar en el caso de que se tenga que producir una evacuación urgente de persona accidentada. Protocolo que aplicar.
- Determinar fecha de inicio de obra, lugar y horario de trabajo.
- Transportar materiales y herramientas.
- Otras acciones que requiera el trabajo que realizar.

Recuerda que la improvisación y falta de preparación puede tener consecuencias que pueden ser graves.

Respecto a los materiales eléctricos para la instalación eléctrica del sistema solar térmico hay que distinguir:

- Materiales para la ejecución de la instalación, que puede ser empotrada o en superficie.
- Materiales para alimentar los elementos emplazados en la instalación hidráulica.
- Armario eléctrico en el que se centraliza el automatismo de la instalación.
- Dosier eléctrico.
- Dosier hidráulico.

Si se va a intervenir en lugares de difícil acceso, equiparse con los medios adecuados.

Figura 3.12. Conexionado de un armario eléctrico.

3.3. MONTAJE DE CIRCUITOS Y EQUIPOS ELÉCTRICOS DE INSTALACIONES SOLARES TÉRMICAS

Las instalaciones eléctricas para instalaciones solares térmicas son muy concretas pero con bastantes variables.

Será objeto de estudio:

- El emplazamiento del armario general.
- El trazado de la instalación.
- La toma de corriente (acometida).
- El trazado de tuberías o bandejas y el cableado.
- Las conexiones de los elementos de campo.
- Las pruebas que realizar.

Cada parte de la instalación tendrá el tipo de protección que le corresponda, bien sea bajo tubo, sobre bandeja u otra modalidad.

Toda la instalación se realizará de acuerdo con las instrucciones del reglamento electrotécnico para baja tensión (REBT).

Debe tenerse en cuenta la parte de la instalación que va a la intemperie y la que está en contacto con la parte hidráulica de la instalación.

Figura 3.13. Armario, bandejas y tubos.

3.4. FASES

Para la realización de la instalación eléctrica, se procederá como sigue.

1. Preparar caseta de obra o local para almacén y atención al personal.
2. Aprovisionamientos varios:

- Materiales que instalar.
- Herramientas y equipos auxiliares.
- Medios de elevación (andamios, escaleras, mesa elevadora, etcétera).
- Material para delimitar o acotar la zona de trabajo.
- Señalización.

3. Conocer el lugar de acometida de la instalación.
4. Determinar el trazado de la instalación y ubicación de los aparatos (replanteo).

Una vez montada la instalación hidráulica, e incluso antes de su conclusión.

5. Colocación de soportes, tuberías, armarios, etcétera.
6. Realización de la instalación.
7. Alimentación eléctrica al armario general.
8. Pruebas de conexiones, ensayos en vacío (giro de motores, funcionamiento de electroválvulas, dispositivos de detección, detectores, etcétera).
9. Pruebas en carga, con los ajustes que corresponda.
10. Entrega de la instalación.

En las fases 7 a 10 se reduce el personal a medida que decrece el nivel de trabajo.

3.5. ORGANIZACIÓN DEL MONTAJE DE CIRCUITOS Y EQUIPOS ELÉCTRICOS DE INSTALACIONES SOLARES TÉRMICAS

Respecto a la instalación de los equipos eléctricos, vamos a distinguir varios circuitos, como son:

1. Punto de acometida hasta el armario general de la instalación.
2. Desde armario general a motobombas.
3. Desde armario general a electroválvulas.
4. Desde armario general a sondas de temperatura.
5. Desde armario general a otros aparatos.

Cada circuito tiene sus características particulares:

- Sección de los conductores.

- Tipo de conductores (para alimentación eléctrica, para señales digitales, para señales analógicas, apantallados).
- No todos los cables pueden ir por la misma tubería.
- En todos los casos, tener en cuenta los materiales y la forma de instalación que se indique en el dosier técnico. De no hacerlo, se pueden tener problemas de funcionamiento.

3.6. TÉCNICAS Y PROCEDIMIENTOS

El procedimiento de ejecución se ajustará al Cuaderno de Cargas o Memoria, realizado sobre una determinada instalación.

Como hemos dicho, cada instalación tiene sus particularidades, y en esta en concreto, la parte diferenciada está en el empleo de sondas y su equipo especial. Material muy sensible y que hay que manipular con mucho cuidado.

Las técnicas que emplear se recogen en los documentos o folletos de información que acompañan a los diferentes aparatos, que hay que leer y ejecutar según se indica.

Observación: el aprovechamiento solar térmico no se limita exclusivamente a calentar agua para suministrar «agua caliente sanitaria» (ACS), calentar el agua de una piscina y colaborar en la calefacción, también se emplea en la generación de frío y calor, aplicando sistemas de absorción, adsorción y desecación, así como la bomba de calor.

Los procedimientos se ajustarán a las dificultades que imponga el tipo de instalación de que se trate, cuidando en todo momento de que la realización se ajuste a la normativa en vigor, como es el REBT, las normas UNE y las Directivas de la CE. Asimismo, todos los materiales que se instalen llevarán la marca CE.

3.7. DETERMINACIÓN Y SELECCIÓN DE EQUIPOS Y ELEMENTOS NECESARIOS PARA EL MONTAJE A PARTIR DE LOS PLANOS DE LA INSTALACIÓN

Para preparar las herramientas que utilizar en un determinado montaje, habrá que proceder como sigue:

- Estudio de la documentación técnica (dosieres con descriptivo, planos y listado de materiales).
- *Planning* de ejecución de la obra.

- Seleccionar las herramientas eléctricas.
- Determinar las herramientas mecánicas.
- Determinar los productos y materiales necesarios para la ejecución de la instalación (conductores, tubos, cajas, soportes, borneros, grapas, terminales, marcado de conductores, etcétera).
- Listar los medios de protección colectiva.
- Determinar la forma de llevar las herramientas y materiales hasta el lugar en el que se va a realizar la instalación.
- Determinar el acotado de la obra, si es necesario, y las señales que colocar.
- Listar el equipamiento personal necesario para los operarios.
- Equipamiento de andamios, mesa elevadora, escaleras, plataformas, etcétera.
- Transporte para todos los materiales.
- Concretar el plan de evacuación en el supuesto de que hubiera un accidente grave.

Cuanto más estudiado esté el proyecto, menos problemas se van a encontrar. La mala preparación da lugar a imprevistos continuos, pérdidas de tiempo y realizar trabajos en precario.

No se debe olvidar que también se pueden dar trabajos de albañilería (hacer rozas para tubos, poner cajas y material empotrado, pasos de paredes, etc.) y trabajos mecánicos diversos (soportes, anclajes, defensas, etcétera).

3.8. ÚTILES, HERRAMIENTAS Y MEDIOS EMPLEADOS EN EL MONTAJE

El electricista desarrolla su tarea utilizando diferentes herramientas, con las que podrá realizar correctamente su cometido y que deberá mantener y conservar en correcto estado. Reponiendo aquellas que se deterioren.

Cada herramienta se utilizará para el fin que tiene. No se utilizarán por ejemplo:

- Alicates para apretar o aflojar tuercas.
- Destornilladores o limas, como si fueran palancas.

Las herramientas pueden ser:

- Para realizar trabajos mecánicos, eléctricos, albañilería, etcétera.
- De tipo manual.

- Motorizadas.
- Para efectuar soldaduras.
- De medida y comprobación.

3.8.1. Herramientas manuales

Las herramientas manuales son muy utilizadas por el electricista en sus tareas de instalación (montaje) y mantenimiento, para lo cual, estará equipado con buenas herramientas y suficiente equipo, que estará de acuerdo con lo señalado en el Reglamento para baja tensión.

En este apartado recogemos las recomendaciones que hace el REBT, respecto a los medios técnicos en función de las categorías.

a) Medios técnicos para categoría básica

- Telurómetro.
- Medidor de aislamiento, según ITC MIR-BT 19.
- Multímetro o tenaza, para las siguientes magnitudes:
  - Tensión alterna y continua hasta 500 V.
  - Intensidad alterna y continua hasta 20 A.
- Resistencia.
- Medidor de corriente de fuga, con resolución mejor o igual que 1 mA.
- Detector de tensión.
- Analizador. Registrador de potencia y energía para corriente alterna trifásica, con capacidad de medida de las siguientes magnitudes; potencia activa, tensión alterna y factor de potencia.
- Equipo verificador de la sensibilidad de disparo de los interruptores diferenciales, capaz de verificar la característica intensidad-tiempo.
- Equipo verificador de la continuidad de conductores.
- Medidor de impedancia de bucle, con sistemas de medición independiente o con compensación del valor de la resistencia de los cables de prueba y con una resolución mejor o igual que 0,1 Ω.
- Herramientas comunes y equipo auxiliar[1].

[1] Alicates, destornilladores, tijeras, llaves para tuercas y tornillos, martillos y mazas, pinzas, cortahílos, tenazas, limas, cinceles, etc., y herramientas motorizadas varias.

- Luxómetro con rango de medida adecuado para el alumbrado de emergencia.

b) Categoría especialista

Además de los medios anteriores, deberán contar con los siguientes, según proceda:

- Analizador de redes, de armónicos y de perturbaciones de red.
- Electrodos para la medida de aislamiento de los suelos.
- Aparato comprobador del dispositivo de vigilancia del nivel de aislamiento de los quirófanos.

c) Herramientas, equipos y medios de protección individual

Estarán de acuerdo con la normativa vigente y las necesidades de la instalación.

d) Herramientas mecánicas

En ciertos trabajos eléctricos, es necesario realizar tareas de corte, roscado, limado, atornillado, etc., para las que se necesitan herramientas varias, como:

• Tornillo de banco.	• Banco y armario de trabajo.
• Sierras de cortar metales.	• Limas varias.
• Dispositivos de roscado.	• Martillos y mazas.
• Llaves diversas.	• Extractores.
• Cinceles y buriles.	• Palancas.
• Brocas.	• Terrajas y machos de roscar.
• Tijeras.	• Granetes y marcadores.

3.8.2. Herramientas motorizadas

Las herramientas motorizadas cada vez son más y vienen en ayuda del electricista en el desarrollo de muchas de las tareas que tiene que realizar dentro del amplio campo de actividad que desarrolla y que corresponde a la ejecución de instalaciones y al mantenimiento, alguna de las cuales serían fatigosas y largas, si no se utilizaran este tipo de herramientas.

De entre las principales herramientas motorizadas, se citan las siguientes:

• Taladros.	• Maletín con taladro y atornilladora.
• Amoladoras (radiales).	• Sierra de calar o caladora.
• Atornilladores.	• Generadores de corriente.
• Cizallas.	• Martillos eléctricos.
• Cortadoras.	• Martillos neumáticos.

3.8.3. Equipos de soldaduras

Los equipos de soldadura son otro de los dispositivos utilizados por el electricista en tareas de preparación de soportes para encaminamientos y bandejas para cables y en la implantación de chasis, armarios y protecciones.

➤ a) Soldadura blanda

La que se realiza a mediana temperatura (entre 350 y 700 °C), empleando el estaño como metal de aportación.

Se emplean como equipo de calor los soldadores eléctricos y los calentadores de gas o gasolina.

➤ b) Soldadura eléctrica

Hay equipos de soldadura de pequeña, mediana y gran potencia.

Un pequeño equipo ayuda a realizar muchas de las tareas de preparación de conducciones eléctricas, para tendido de líneas sobre soportes y bandejas, colocación de captores y botoneras, así como otros trabajos mecánicos complementarios como soportes para cuadros, chasis, protecciones y defensas varias.

Figura 3.15. Pequeño equipo de soldadura eléctrica.

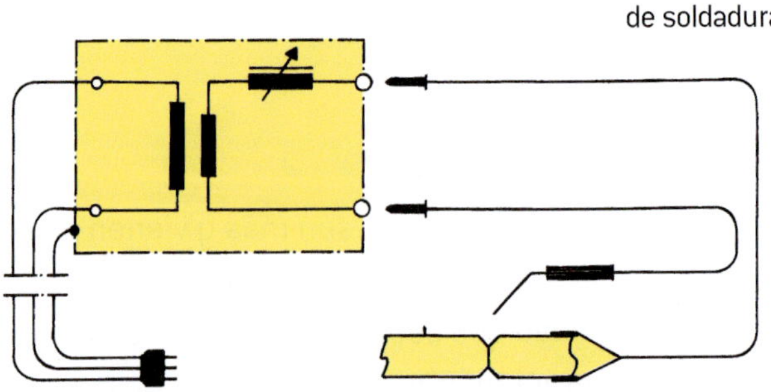

Figura 3.14. Croquis de un equipo de soldadura eléctrica.

c) Soldadura autógena

Para este tipo de soldadura se necesita un equipo constituido por dos botellas (botella de oxígeno y botella de acetileno), reguladores de caudal y presión, y un soplete. Al quemarse conjuntamente y de forma combinada los dos gases, generan una elevada temperatura (superior a 2000 ºC).

La soldadura se hace por medio de calor y metal de aportación. También se puede realizar corte de materiales metálicos, utilizando un soplete especial.

Figura 3.16. Pequeño equipo de soldadura autógena.

Figura 3.17. Croquis de un equipo de soldadura autógena.

Muy importante: estos equipos se complementarán con manta ignífuga y extintor contra incendios. También hay que proteger contra las chispas de las radiales.

Nota: no todos los operarios pueden realizar soldaduras, antes habrán realizado el correspondiente curso de capacitación en estas herramientas.

3.8.4. Dispositivos de medida y comprobación

Muchos son los dispositivos de medida y comprobación que utiliza el electricista en las diversas tareas que realiza, además de los estudiados en el capítulo anterior, como:

• Flexómetros. • Calibres o «pie de rey». • Micrómetros. • Niveles.	• Cintas de medida. • Reglas. • Escuadras. • Termómetros.

3.8.5. Presentación de herramientas mecánicas de uso por electricistas

El electricista, en el desarrollo de sus tareas, necesita hacer trabajos mecánicos, como taladrar, roscar, soldar, limar, cortar, golpear, etc., en los que emplea taladros, machos y terrajas para roscar, equipos de soldadura, limas, sierras y cizallas, martillos y mazas, etcétera.

Figura 3.18. Taladros para hacer agujeros.

3.8.6. Medios de elevación

Trabajar en altura tiene un riesgo importante, razón por la cual hay que preparar y realizar los trabajos utilizando los medios adecuados y no intervenir hasta que los dispositivos no estén dispuestos.

No se nos pide actuar en plan equilibrista, sino todo lo contrario, actuar con equilibrio y sobre superficies que nos permitan realizar el trabajo con plenas garantías de seguridad y calidad.

Los medios que se ponen a nuestra disposición para trabajar en nivel superior al del suelo (nivel 0) son:

➤ a) Escaleras varias

Varios modelos de escaleras:

- De un tramo.

- Extensibles (dos o más tramos).
- De tijera (dos escaleras unidas en uno de sus extremos).

  Las escaleras para intervención en instalaciones eléctricas deben reunir características especiales, como:

- Estar construidas en material aislante.
- Ser antideslizantes en su base de apoyo.
- Estar en buen estado de conservación.

Con respecto a su uso:

- Que tengan las dimensiones adecuadas. Ni cortas ni excesivamente largas.
- Que estén bien niveladas en su base y en el apoyo superior.

➤ b) Plataformas fijas

- Plataformas con ruedas.
- Plataformas o mesas elevadoras.
- Plataformas autopropulsadas.

➤ c) Presentación de escaleras y plataformas

Figura 3.19. Plataforma elevadora y escalera de tijera.

3.8.7. Medios de manipulación de materiales

Un medio muy empleado para manipular materiales es la carretilla motorizada («toro»). Este medio solamente lo manipulará el personal autorizado y en las condiciones normales de uso. No se puede dedicar al transporte de personas y menos como si fuera un elevador, colocándose el operario sobre las uñas. Hay que señalar que se cometen muchas imprudencias.

Figura 3.20. Transpaleta y carretilla elevadora.

3.9. TÉCNICAS DE UTILIZACIÓN

Todas las herramientas y aparatos utilizados por el instalador tienen unas técnicas de utilización y manejo, cuya dificultad depende de lo complejo que sea. No es lo mismo utilizar una plataforma elevadora, que una escalera, pero las dos tienen su técnica de utilización.

La plataforma elevadora se desplaza al lugar de utilización y dependiendo del tipo de suelo se podrá depositarla directamente o habrá que reforzar la zona, bloquear ruedas, aplicar dispositivos de bloqueo y nivel, y será pilotada por un operario que haya sido formado para esta tarea.

Si se trata de una escalera, que los apoyos sean antideslizantes, que esté construida de acuerdo a la normativa, que sea del material que convenga al tipo de trabajo para evitar riesgos eléctricos, que sea simple (apoyo superior) o de tijera, etcétera.

El mismo criterio hay que aplicar en la utilización de todos los útiles que podamos emplear. Puede ser que dispongamos de los medios y el no saberlos emplear correctamente puede dar lugar a que tengamos accidentes.

3.10. SOPORTES Y ANCLAJES

Tanto los paneles que necesitan soportes (estructuras metálicas) como algunos elementos de la instalación eléctrica precisan de soportes adaptados a su forma y lugar de colocación. La dificultad dependerá del lugar de implantación.

Los armarios eléctricos se montan fijados a la pared o sobre un bastidor fijado al suelo, y pueden estar en el exterior o en el interior, circunstancia que hay que tener en cuenta de cara a su grado de protección (IP).

Figura 3.21. Paneles solares térmicos fijados a una tejavana en un *parking* de coches y al tejado de una casa.

3.10.1. Anclajes

Respecto a los anclajes cuando son sobre tejados o lugares con aislamiento e impermeabilización se tendrá sumo cuidado en no perjudicarlos, y si se hace, repararlos en el momento.

Los anclajes serán en forma y materiales a los que se correspondan con los elementos que montar, es decir, que sean compatibles.

Si durante el montaje de alguna estructura o soporte se raya, marca o desaparece la protección contra la acción de agentes atmosféricos hay que reparar la parte afectada con pinturas protectoras a base de zinc u otro tipo de pintura.

La tornillería también será objeto de atención especial, poniendo materiales inoxidables o protegidos.

Atención especial a los agujeros que se realizan sobre suelos, paredes y tejados. Asegurar siempre la estanqueidad de la zona intervenida.

El mismo criterio para el material eléctrico, prestando máxima atención sobre el que se instala en el exterior.

La Figura 3.22 muestra diferentes tipos de fijación de elementos a suelos, paredes y estructuras.

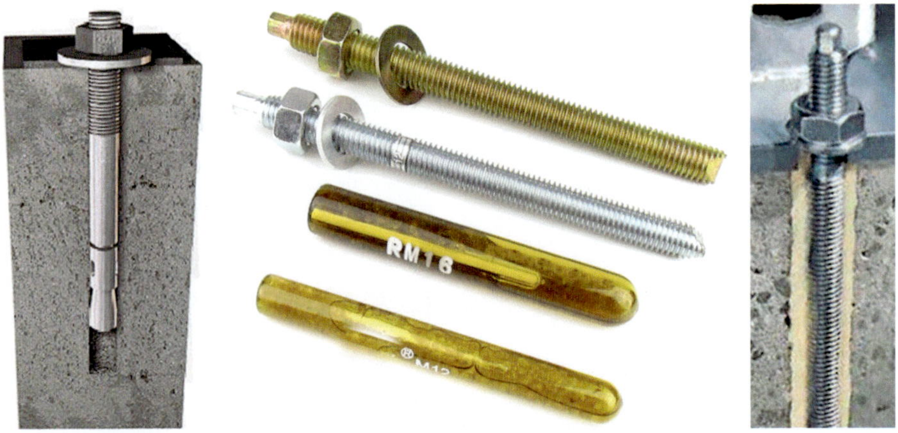

Figura 3.22. Tornillos de anclaje para soportes de captadores y estructuras.

3.10.2. Montaje de estructura soporte y captadores

En las aplicaciones de captación solar encontramos muchos tipos de estructuras que se adaptan a la demanda del lugar de instalación, por lo que difícilmente se puede generalizar sobre estructuras estándar. En toda instalación hay que facilitar la forma de acceder a los captadores y a su instalación con los mínimos riesgos posibles.

Figura 3.23. Estructuras para captadores solares térmicos.

Se tendrá en cuenta lo siguiente:

- Se asegurará la estanqueidad (aislamiento) cuando los anclajes se realicen en tejados y fachadas.
- El proyectista preverá un acceso a los captadores, tanto para su montaje como para su mantenimiento y reparación.
- El suministrador de la instalación estudiará previamente que las cargas de captadores y su instalación son compatibles con la estructura del edificio.
- El suministrador o instalador será el responsable del almacenamiento de los materiales hasta la entrega de la instalación al cliente.
- Durante toda la fase de montaje se pondrá cuidado en la limpieza de las tuberías, racores y elementos de instalación.
- La limpieza estará presente durante todo el montaje. Retirar todos los desechos que se produzcan.
- Durante el montaje de los captadores se protegerán adecuadamente y se taparán las conexiones para evitar que les entre suciedad.
- Las mangueras flexibles se montarán con accesorios adecuados y se evitará que queden retorcidas y los radios de curvatura serán los que les corresponda.
- Durante el montaje se tendrán en cuenta las especificaciones del fabricante, que hay que leer antes de iniciar el montaje, y no al final.
- Respecto al montaje de captadores y su circuito hidráulico se instalarán de modo que puedan vaciarse total o parcialmente, realizando esta operación desde los puntos más bajos de la instalación. Las conexiones entre los puntos de vaciado y desagües se realizarán de forma que el paso del agua quede perfectamente visible.
- Al final del montaje se repasarán las estructuras y los anclajes, y se reparará todo daño que haya podido sufrir la protección superficial de la misma contra la oxidación.
- Utilizar siempre materiales y procedimientos de montaje que garanticen las exigencias de la instalación, su durabilidad, salubridad y mantenimiento.
- Son el suministrador y el montador los responsables de la instalación que se entrega al utilizador.

- A efectos de las especificaciones de montaje de la instalación, estas se complementarán con la aplicación de las reglamentaciones vigentes que tengan competencia en cada caso.
- Al final de la obra se limpiarán los elementos de la instalación (captadores, acumuladores, etc.), cuadros eléctricos, instrumentos de medida, y toda la zona de intervención, dejándola en prefectas condiciones.
- Una vez instalados los equipos, se procurará que las placas de características de estos sean visibles.
- Antes de la puesta en marcha de la instalación se hará un purgado de la instalación para, a continuación, cargar el circuito primario (fluido caloportador) y después abrir el circuito secundario (agua).
- Atención a la evacuación de los líquidos utilizados en la limpieza del circuito hidráulico. Se hará en lugar autorizado, cuidando el medioambiente.
- El lugar o emplazamiento donde se instalen los equipos, válvulas y purgadores permitirá su posterior acceso a los mismos a efectos de su mantenimiento, reparación o desmontaje.

3.11. MONTAJE Y CONEXIÓN DE ELEMENTOS DE PROTECCIÓN, MANDO, REGULACIÓN Y SEÑALIZACIÓN

Se trata de una de las tareas principales que desarrolla el electricista, para lo que se requiere seguir un procedimiento ordenado de las tareas, que habrán sido preparadas antes del inicio de la obra de acuerdo con un Cuadernos de Cargas y los planos eléctricos correspondientes.

3.11.1. Montaje y conexión eléctricas

El montaje se realizará aplicando las instrucciones recogidas en el REBT y en la normas UNE que se citan en las mismas.

- En primer lugar se leerá el descriptivo de la instalación solar térmica para la que se va a realizar la instalación eléctrica.
- A continuación estudiaremos los dosieres técnicos y las especificaciones técnicas de los diferentes aparatos con componentes eléctricos o electrónicos que instalar.
- Estudiar los esquemas eléctricos de la instalación y listado de materiales.
- Hacer una copia de la lista de materiales.

- Aprovisionar a la obra de todos los materiales que instalar siguiendo un orden (el de montaje).
- Almacenarlos en lugar adecuado.
- Aprovisionar las herramientas y materiales auxiliares (escaleras, elevador, vallas, plataformas, etc.) que correspondan a la obra que realizar.
- Acotar la zona de trabajo y poner la señalización que corresponda.
- Utilizar el equipamiento de seguridad que corresponda.
- Hacer un replanteo del trazado de la instalación.
- Preparar el encaminamiento de los conductores hasta los captores y actuadores.
- Cuidado con radiales y equipos de soldadura.
- Disponer los materiales en el lugar de centralización del automatismo general de la instalación.
- Realizar el conexionado de los diferentes aparatos según se especifique en sus características.
- Utilizar los materiales que se indican en la lista de materiales, que deben ser homologados y no sustituirlos por otros que nos parezcan equivalentes.
- Mantener limpia en todo momento la zona de trabajo. Evacuar los restos que se produzcan a la mayor brevedad posible.
- Cuidado especial con los materiales sensibles. Es aconsejable que se instalen al final del montaje.
- La instalación y conexiones deberán ser objeto de una verificación previa antes de entrar en la fase de pruebas.

3.11.2. Protección, mando, regulación y señalización

a) Protección

Las instalaciones eléctricas llevarán los dispositivos de protección que les correspondan, de acuerdo con lo que hemos estudiado en el capítulo anterior. Estos dispositivos pueden ser: fusibles, relés térmicos, interruptores automáticos de efecto magnético o magnetotérmico, descargadores de sobretensiones y también con otros aparatos que puedan interesar al tipo de circuito o receptor de que se trate.

Respecto a la protección, los aparatos de protección se verificarán y reglarán antes de la puesta en servicio, a los valores que les corresponda.

➤ b) Mando

Los elementos de mando de estos equipos suelen ser relativamente simples, ya que por lo general se limitan a ponerlos en servicio o dejarlos fuera de servicio. El funcionamiento es automático de acuerdo con el programa que se haya creado para cada equipo en particular.

No se deben forzar situaciones que no se ajusten al programa de funcionamiento previsto.

➤ c) Regulación

Para conseguir unas determinadas prestaciones de las instalaciones térmicas, las instalaciones eléctricas se ajustan con unos determinados parámetros que se consiguen reglando los aparatos de medida, protección y control de la forma que se indique en el cuaderno de cargas técnico.

Esta regulación se realizará en el momento de la puesta en servicio de la instalación y se deberá verificar y ajustar periódicamente.

➤ d) Señalización

La señalización es una ayuda importante para el usuario de la instalación y también para el personal de mantenimiento. Cuanto más señalizada esté la instalación, más fácil será encontrar las causas de avería que se puedan dar en la instalación.

Un sinóptico con situación de los elementos en la instalación y su estado real, siempre es una ayuda muy importante para el usuario y el electricista.

3.11.3. Ejecución y puesta en servicio de las instalaciones

Según el artículo 18 del REBT.

1. Según lo establecido en el artículo 12.3 de la Ley 21/1992, de Industria, la puesta en servicio y utilización de las instalaciones eléctricas se condiciona al siguiente procedimiento.
   a) Deberá elaborarse, previamente a la ejecución, una documentación técnica que defina las características de la instalación y que, en función de sus características, según determine la correspondiente ITC, revestirá la forma de proyecto o memoria técnica.
   b) La instalación deberá verificarse por el instalador, con la supervisión del director de obra, en su caso, a fin de comprobar la correcta ejecución y funcionamiento seguro de la misma.
   c) Asimismo, cuando así se determine en la correspondiente ITC, la instalación deberá ser objeto de una inspección inicial por un organismo de control.

d) A la terminación de la instalación y realizadas las verificaciones pertinentes y, en su caso, la inspección inicial, el instalador autorizado ejecutor de la instalación emitirá un certificado de instalación, en el que se hará constar que la misma se ha realizado de conformidad con lo establecido en el Reglamento y sus instrucciones técnicas complementarias y de acuerdo con la documentación técnica. En su caso, identificará y justificará las variaciones que en la ejecución se hayan producido en relación con lo previsto en dicha documentación.

e) El certificado, junto con la documentación técnica y, en su caso, el certificado de dirección de obra y el de inspección inicial, deberán depositarse ante el órgano competente de la comunidad autónoma, con el objeto de registrar la referida instalación, recibiendo las copias diligenciadas necesarias para la constancia de cada interesado y solicitud de suministro de energía. Las Administraciones competentes deberán facilitar que estas documentaciones puedan ser presentadas y registradas por procedimientos informáticos.

2. Las instalaciones eléctricas deberán ser realizadas únicamente por instaladores autorizados.
3. La empresa suministradora no podrá conectar la instalación receptora a la red de distribución si no se le entrega la copia correspondiente del certificado de instalación debidamente diligenciado por el órgano competente de la comunidad autónoma.
4. No obstante lo indicado en el apartado precedente, cuando existan circunstancias objetivas por las cuales sea preciso contar con suministro de energía eléctrica antes de poder culminar la tramitación administrativa de las instalaciones, dichas circunstancias, debidamente justificadas y acompañadas de las garantías para el mantenimiento de la seguridad de las personas y bienes, y de la no perturbación de otras instalaciones o equipos, deberán ser expuestas ante el órgano competente de la comunidad autónoma, la cual podrá autorizar, mediante resolución motivada, el suministro provisional para atender estrictamente aquellas necesidades.
5. En caso de instalaciones temporales (congresos y exposiciones, con distintos *stands*, ferias ambulantes, festejos, verbenas, etc.), el órgano competente de la comunidad podrá admitir que la tramitación de las distintas instalaciones parciales se realice de manera conjunta. De la misma manera, podrá aceptarse que se sustituya la documentación técnica por una declaración, diligenciada la primera vez por la Administración, en el supuesto de instalaciones realizadas sistemáticamente de forma repetitiva.

3.12. MONTAJE, CONEXIÓN Y PUESTA EN SERVICIO DE CIRCULADORES, BOMBAS Y MOTORES ELÉCTRICOS

Los circuladores son un elemento muy importante de las instalaciones solares térmicas y están constituidos por el motor y la bomba. Los hay de muy pequeña potencia y una velocidad a varias velocidades y elevada potencia.

Figura 3.24. Circuladores de fluido (conjunto motobomba).

➤ a) Circuladores

Lo que denominamos *circuladores* son las bombas de circulación que se encargan de impulsar el líquido caloportador para hacerlo circular a través del circuito primario de captación (captador-acumulador-captador). En este caso, el circulador no extrae líquido de ningún sitio, solo lo pone en circulación.

Se trata de un elemento fundamental de la instalación solar térmica y en concreto en su circuito hidráulico. Su funcionamiento es básico en la recuperación del calor solar.

El funcionamiento del circulador depende de dos parámetros fundamentales; que son: el caudal en m^3/h o litros/segundo y la presión expresada en Pa (Pascal), en bar o en mm de c.d.a. (milímetros de columna de agua).

En las instalaciones encontramos circuladores que funcionan con una, dos o tres velocidades.

Hay circuladores que funcionan con motores de corriente alterna con velocidad variable (variación de frecuencia), lo que permite un funcionamiento de la circulación del fluido caloportador a la velocidad que convenga en cada caso (caudal variable).

Esta forma de funcionamiento permite un aprovechamiento mayor de la energía solar en función de la generación de cada momento y del consumo.

El circulador consta de motor y bomba, montados en un conjunto compacto, siendo los motores de pequeña potencia (en torno a 20 W) para pequeñas instalaciones y de mayor consumo para instalaciones con mayor caudal y presión (pérdida de carga), mayores de 1000 W (1 kW).

Para la elección de los circuladores se tienen en cuenta diferentes características, como son: el diámetro y longitud de las tubería, el caudal que circular y la pérdida de carga que vencer (resistencia hidráulica del circuito).

El fabricante proporciona unas curvas de los circulares, que mediante los datos señalados arriba, se puede realizar la elección del circulador y la potencia del motor.

b) Bombas

- Las bombas se instalan en línea con el eje de rotación horizontal de la bomba, dejando espacio suficiente para que el conjunto motor-rodete pueda ser desmontado sin dificultad.
- El acoplamiento de la bomba con la tubería podrá ser roscado hasta un diámetro nominal DN32. Para mayores diámetros, el acoplamiento se hace por bridas.
- El diámetro de las tuberías que se acoplan a la bomba no podrá ser inferior al de la boca de aspiración de la bomba.
- La fijación de las tuberías en las proximidades de la bomba no repercutirá en esfuerzos irregulares sobre el cuerpo de la bomba. Si fuera necesario, se colocarán manguitos antivibración cuando la potencia de bombeo sea superior a 700 W.
- Es conveniente que todas las bombas tengan toma para la medición de presiones en la aspiración y en la impulsión.
- También es conveniente que en el circuito de la bomba haya un filtro anterior a la misma que impida la entrada de impurezas (suciedad).
- En lo posible, es bueno que haya una instalación doble de bombas, de manera que cuando se avería una, pueda entrar la otra en servicio (*bypass*).
- Cuidar que la bomba no funcione en vacío.
- El sentido de rotación será el indicado en la bomba.
- Cuando se monten bombas con prensa-estopas, se instalarán sistemas de llenado automático.

Nota: hay equipos compactos que no tienen bomba de aceleración y el líquido se mueve por tiro natural al ocupar el agua caliente la parte alta del depósito acumulador.

c) Motores eléctricos

Para el montaje de los motores eléctricos se seguirá el siguiente criterio:

- Alinearlos correctamente con el eje de la bomba.
- Que el acoplamiento motor-rodete sea el apropiado, sin que esté forzado.
- Que el conjunto esté bien nivelado.
- Que tenga buen acceso para ser desmontado y revisado.
- Los motores podrán ser monofásicos, trifásicos e incluso de corriente continua (CC).
- Antes de ponerlo en servicio, comprobar si el sentido de giro es el correcto.
- Los motores tendrán la protección eléctrica que aconseje el fabricante.
- El motor y la bomba normalmente forman un conjunto que se suministra compacto, por lo que se montan al mismo tiempo los dos elementos.

d) Montaje del acumulador

- La estructura soporte para depósitos y su fijación se realizarán según las instrucciones del fabricante y cumpliendo la normativa vigente.
- Respecto al lugar de emplazamiento de los acumuladores y sus estructuras de sujeción cuando se sitúen en tejados, azoteas o en piso, se tendrá en cuenta las características de la edificación, y requerirá para depósitos de más de 300 litros el diseño de un profesional competente.
- Cuando se trata de una carga importante que se coloca sobre una estructura soporte y su fijación para depósitos de más de 1000 litros situados en cubiertas o piso, deberá ser diseñada por un profesional competente que reparta convenientemente la carga, de acuerdo con la forma constructiva del edificio. Es posible que algunas zonas del edificio no puedan admitir las cargas que pueda suponer el conjunto de la estructura, depósito, líquido y tuberías.
- Los anclajes serán adecuados al peso, forma de lugar, cargas exteriores que soportar (empuje del viento), inclinación, etcétera.
- Los anclajes si se hacen en el exterior del edificio respetarán el aislamiento que tenga esa zona.
- Si fuera necesario, se instalarán manguitos antivibratorios o conexiones flexibles.

- El lugar elegido para el emplazamiento del acumulador tendrá en cuenta la accesibilidad al mismo, para facilitad futuras operaciones de sustitución o reparación.

3.12.1. Conservación de las instalaciones

El usuario tiene que procurar que su instalación no tenga averías imprevistas que le perjudiquen en el aprovechamiento gratuito de la energía solar térmica, para lo cual es conveniente que haga o contrate un mantenimiento preventivo y periódico de su instalación.

La Tabla 3.1 recoge los procedimientos de mantenimiento utilizados. El procedimiento correctivo se emplea cuando se produce una avería imprevista. Otros métodos permiten la revisión y detección de averías antes de que se produzcan, así como la sustitución de los elementos de la instalación que hayan cumplido su ciclo de vida de acuerdo con las previsiones del fabricante o que estén en mal estado.

Tabla 3.1. Resumen de procedimientos de mantenimiento

Procedimientos de mantenimiento	Función que realiza
1. CORRECTIVO	Reparar o sustituir aquellos elementos que por avería o rotura se hayan deteriorado o roto, y como consecuencia, ser la causa de la parada de la máquina o instalación.
2. PREVENTIVO	Revisión periódica de la instalación para paliar un posible deterioro y así evitar la parada de la máquina o instalación.
3. PREDICTIVO	Detección de los posibles fallos por seguimiento del comportamiento de elementos y repararlos o sustituirlos antes de que se produzca la avería.
4. SELECTIVO	Modificación o sustitución parcial de elementos básicos de la máquina o instalación.
5. NORMATIVO	Sustitución de elementos o adecuación de los mismos a la normativa legal, especialmente cuando se refiere a seguridad.
6. MODIFICATIVO	Actualización y mejora de las máquinas o instalaciones con un fin determinado.
7. (TPM) PRODUCTIVO TOTAL	Asociación de las funciones de operario y conductor del proceso de fabricación con las de mantenedor de su propia instalación.

3.13. NORMATIVA APLICADA A ESTA OBRA

A todo tipo de trabajos, y especial a los de montaje, se le aplicarán las normas de seguridad e higiene en el trabajo que estipulen las autoridades competentes. A este respecto, se presentan, a continuación, diferentes reglamentos y normas que nos ayudarán a realizar los trabajos con el mínimo riesgo, para de esta forma, evitar los accidentes que pudieran darse si no se ponen los medios adecuados.

Los tipos de documentos que nos encontramos en trabajos y proyectos electromecánicos tienen la siguiente procedencia:

a) Procedencia comunitaria

En este caso están las **Directivas.**

b) Procedencia estatal

- **Ley.** Son una norma jurídica dictada por el legislador, es decir, un precepto establecido por la autoridad competente, en que se manda o prohíbe algo.
- **Real decreto.** Lo emite el Poder Ejecutivo y no el Poder Legislativo.
- **Orden ministerial.** Es una norma reglamentaria que emana de cualquiera de los ministros del Gobierno del Estado, de ámbito individual.
- **Reglamento.** Es una norma con rango inferior a la ley, dictada por la Administración en virtud de una competencia propia y suele materializar el desarrollo de una ley.
- **Resolución.** Es una disposición administrativa de rango inferior a las leyes, decretos y órdenes y que puede ser de carácter general o específico y está dictada por algún órgano de la Administración.

c) Ámbito local

- **Ordenanza.** Es una norma que nace de los entes locales y que tiene por objetivo regular la intervención de la entidad local en las actividades de los ciudadanos de su territorio. Se suelen regular mediante ordenanzas los tributos y los servicios locales.
- **Reglamento.** Es una norma que nace de los entes locales y que se suele utilizar para regular los servicios locales.

d) Normas

Las normas pueden ser emitidas por entes nacionales (UNE), comunitarias (EN) e internacionales (ISO, IEC, otros).

3.13.1. Reglamento Electrotécnico para Baja Tensión

La electricidad está presente en todos los trabajos (alumbrado, señalización alimentación de maquinaria, equipos de soldadura, medios de elevación, herramientas portátiles, etc.), por esta razón, el operario debe ser conocedor del riesgo que supone trabajar con la electricidad, por lo que tendrá que poner los medios adecuados que lo defiendan de posibles accidentes eléctricos.

El Reglamento Electrónico para Baja Tensión (REBT) fue aprobado por el Real Decreto 842/2002, de 2 de agosto.

- Última modificación del REBT: 23 de marzo de 2023.

El artículo 1 del REBT indica el objetivo que tiene el Reglamento y señala lo siguiente:

> **Artículo 1. Objeto.**
>
> El presente Reglamento tiene por objeto establecer las condiciones técnicas y garantías que deben reunir las instalaciones eléctricas conectadas a una fuente de suministro en los de baja tensión, con la finalidad de:
>
> a) Preservar la seguridad de las personas y los bienes.
>
> b) Asegurar el normal funcionamiento de dichas instalaciones y prevenir las perturbaciones en otras instalaciones y servicios.
>
> c) Contribuir a la fiabilidad técnica y a la eficiencia económica de las instalaciones.

- Real Decreto 1053/2014, de 12 de diciembre, por el que se aprueba una nueva Instrucción Técnica Complementaria (ITC) BT-52 «Instalaciones con fines especiales».
- Está en curso de aprobación una nueva Instrucción Técnica Complementaria, la ITC BT-53, Instalaciones de sistemas en corriente continua.

  Esta nueva instrucción tiene el siguiente índice de materias.

ITC BT-53	INSTALACIONES DE SISTEMAS EN CORRIENTE CONTINUA
1. Campo de aplicación **2. Términos y definiciones** **3. Protección para garantizar la seguridad contra los choques eléctricos** **4. Protección para garantizar la seguridad contra los incendios causados por equipos eléctricos**	

ITC BT-53	INSTALACIONES DE SISTEMAS EN CORRIENTE CONTINUA
5. Protección para garantizar la seguridad contra las sobreintensidades 5.1. Protección contra sobreintensidades de los módulos fotovoltaicos 5.2. Protección de cables contra sobrecargas 5.2.1. Protección de los cables para cadena fotovoltaica 5.2.2. Protección de los cables para el subgrupo fotovoltaico 5.2.3. Protección de los cables para el grupo fotovoltaico **6. Protección contra las sobretensiones de origen atmosférico o debido a conmutación** **7. Selección e instalación de los equipos eléctricos** 7.1. Reglas comunes 7.2. Instalaciones y envolventes 7.3. Condiciones de servicio 7.4. Cables eléctricos 7.5. Canalizaciones 7.6. Conexiones eléctricas en el lado de corriente continua 7.7. Dispositivos para la protección contra las sobreintensidades en el lado de corriente continua **8. Seccionamiento y maniobra** **9. Instalaciones de puesta a tierra y conductores de protección**	

a) Contenido básico del REBT

El Real Decreto 842/2002, de 2 de agosto, por el que se aprobó el Reglamento Electrotécnico para Baja Tensión (REBT), consta de:

- Artículo único. Aprobación del Reglamento Electrotécnico para Baja Tensión.
- Disposiciones transitorias.
- Disposición transitoria primera. Carnets profesionales.
- Disposición transitoria segunda. Entidades de formación.
- Disposición transitoria tercera. Instalaciones en fase de tramitación en la fecha de entrada en vigor del Reglamento.
- Disposición derogatoria única. Derogación normativa disposiciones finales.
- **Reglamento Electrotécnico para Baja Tensión.** 29 artículos.
- **Índice de las Instrucciones Técnicas Complementarias.** 51 ITC-BT (que el año 2014 pasaron a ser 52).

b) Guías técnicas del REBT

Según el **artículo 29 de REBT. Guía técnica.**

El centro directivo competente en materia de Seguridad Industrial del Ministerio de Industria y Turismo elaborará y mantendrá actualizada una guía técnica, de carácter no vinculante, para la aplicación práctica de las previsiones del presente Reglamento y sus instrucciones técnicas complementarias, la cual podrá establecer aclaraciones a conceptos de carácter general incluidos en este Reglamento.

GUÍA TÉCNICA de aplicación del reglamento electrotécnico para baja tensión:

UNIDAD TEMÁTICA N.º 1 – REGLAMENTO ELECTROTÉCNICO PARA BAJA TENSIÓN; ASPECTOS GENERALES
GUÍA-BT-RD 842/02: Real Decreto 842/2002 GUÍA-BT-03: Instaladores autorizados en baja tensión GUÍA-BT-04: Documentación y puesta en servicio de las instalaciones GUÍA-BT-05: Verificaciones e inspecciones
UNIDAD TEMÁTICA N.º 2 – INSTALACIONES DE ENLACE
GUÍA-BT-10: Previsión de cargas para suministros de baja tensión GUÍA-BT-12: Esquemas GUÍA-BT-13: Cajas generales de protección GUÍA-BT-14: Línea general de alimentación GUÍA-BT-15: Derivaciones individuales GUÍA-BT-16: Contadores: ubicación y sistemas de instalación GUÍA-BT-17: Dispositivos generales e individuales de mando y protección. Interruptor de control de potencia
UNIDAD TEMÁTICA N.º 3 – INSTALACIONES INTERIORES
GUÍA-BT-19: Instalaciones interiores o receptoras. Prescripciones generales GUÍA-BT-20: Instalaciones interiores o receptoras. Sistemas de instalación GUÍA-BT-21: Tubos y canales protectoras GUÍA-BT-25: Instalaciones interiores en viviendas. Número de circuitos y características GUÍA-BT-26: Instalaciones interiores en viviendas. Prescripciones generales de instalación GUÍA-BT-27: Instalaciones interiores. Locales que contienen una bañera o ducha GUÍA-BT-49: Instalaciones eléctricas en muebles
UNIDAD TEMÁTICA N.º 4 – LOCALES DE PÚBLICA CONCURRENCIA
GUÍA-BT-28: Instalaciones en locales de pública concurrencia
UNIDAD TEMÁTICA N.º 5 – Instalaciones de alumbrado exterior
GUÍA-BT-09: Instalaciones de alumbrado exterior

UNIDAD TEMÁTICA N.º 6 – PROTECCIONES
GUÍA-BT-08: Sistemas de conexión del neutro y de las masas en redes de distribución de energía eléctrica GUÍA-BT-18: Instalaciones de puesta a tierra GUÍA-BT-22: Protección contra sobreintensidades GUÍA-BT-23: Protección contra sobretensiones GUÍA-BT-24: Protección contra los contactos directos e indirectos
ANEXOS
GUÍA-BT-ANEXO 1: Significado y explicación de los códigos IP, IK GUÍA-BT-ANEXO 2: Cálculo de las caídas de tensión GUÍA-BT-ANEXO 3: Cálculo de corrientes de cortocircuito GUÍA-BT-ANEXO 4: Verificación de las instalaciones eléctricas

3.13.2. Reglamento RITE

- El actual Reglamento de Instalaciones Térmicas en los Edificios (RITE) se aprobó el 20 de julio de 2007 por el Real Decreto 1027/2007.

El RITE ha tenido hasta ahora dos modificaciones principales, que son:

- Real Decreto 238/2013, por el que se modifican determinados artículos e instrucciones técnicas del RITE, transponiendo así la Directiva 2010/31/UE del Parlamento Europeo y del Consejo, de 19 de mayo de 2010, relativa a la eficiencia energética de los edificios.
- Transponiendo así la Directiva (UE) 2018/844 que modifica a su vez la Directiva 2010/31/UE relativa a la eficiencia energética de los edificios y la Directiva 2012/27/UE relativa a la eficiencia energética.

Figura 3.25. Reglamento RITE.

Figura 3.26. Guía técnica RITE, publicada por IDAE.

➤ Guías técnicas RITE

La colección consta de las siguientes Guías:

- Rendimiento medio estacional de calefacción. Parte teórica. Guías IDAE 014.
- Medidas de Ahorro Energético en los Circuitos Hidráulicos. Guías IDAE 013.
- Puesta en marcha de instalaciones según RITE. Guías IDAE 009.
- Ahorro de energía mediante enfriamiento gratuito y recuperadores de calor con humectador adiabático en la extracción. Guías IDAE 008.
- Frecuencias horarias de repetición en temperatura. Intervalo 24 h. Guías IDAE 007.
- Guía Técnica de Instalaciones de calefacción individual.
- Guía técnica: Mantenimiento de instalaciones térmicas.
- Guía técnica: Diseño y cálculo del aislamiento térmico de conducciones, aparatos y equipos.
- Guía técnica: Contabilización de consumos.
- Comentarios RITE-2007. Reglamento de Instalaciones Térmicas en los Edificios.
- Guía técnica: Torres de refrigeración.
- Guía técnica: Procedimientos para la determinación del rendimiento energético de plantas enfriadoras de agua y equipos autónomos de tratamiento de aire.
- Guía técnica: Procedimiento de inspección periódica de eficiencia energética para calderas.
- Guía técnica: Procedimientos y aspectos de la simulación de instalaciones térmicas en edificios.
- Guía técnica: Ahorro y recuperación de energía en instalaciones de climatización.
- Guía técnica: Selección de equipos de transporte de fluidos. Bombas y ventiladores.
- Guía técnica: Diseño de centrales de calor eficientes.
- Guía técnica: Condiciones climáticas exteriores de proyecto.
- Guía técnica: Diseño de sistemas de intercambio geotérmico de circuito cerrado.

- Guía técnica: Instalaciones de climatización por agua.
- Guía técnica: Instalaciones de climatización con equipos autónomos.
- Guía técnica: Agua Caliente Sanitaria Central.

3.13.3. Código Técnico de la Edificación CTE

El Código Técnico de la Edificación (CTE) es el marco normativo que establece las exigencias básicas de calidad que deben cumplir los edificios en relación con los requisitos básicos de seguridad y habitabilidad establecidos en la Ley 38/1999, de 5 de noviembre, de Ordenación de la Edificación (LOE).

- Real Decreto 314/2006, de 17 de marzo, por el que se aprueba el Código Técnico de la Edificación (CTE).
- Real Decreto 450/2022, de 14 de junio, por el que se modifica el Código Técnico de la Edificación, aprobado por el Real Decreto 314/2006, de 17 de marzo.

Datos climáticos UNE 100001:2001. Climatización. Condiciones climáticas para proyectos.

La normativa aplicable para las centrales fotovoltaicas se diferencia mucho dependiendo de si la potencia de la instalación es inferior o superior a 100 kW.

Para potencias no superiores a 100 kW se aplica el Real Decreto 1699/2011, de 18 de noviembre, por el que se regula la conexión a red de instalaciones de producción de energía eléctrica de pequeña potencia.

En la Introducción a este Código CTE, se lee:

El nuevo Código Técnico de la Edificación (CTE) señala la obligación de recuperar una parte de la energía que nos llega desde el Sol, en determinados casos y construcciones. El contenido de la CTE resulta muy importante en lo que respecta a esta obra, por la reglamentación del aprovechamiento energético solar como es el calor y la luz solar en diferentes elementos de la construcción.

➤ a) Partes del CTE

El Código Técnico de la Edificación (CTE) está dividido en dos partes.

En la **primera parte** se detallan las exigencias básicas, relativas respectivamente a la seguridad estructural, en caso de incendios y de utilización y accesibilidad, y a la salubridad, protección frente a la exposición al radón, protección frente al ruido y ahorro de energía.

La **segunda parte** se compone de los Documentos Básicos (DB), textos de carácter técnico y reglamentario que se encargan de trasladar al terreno práctico las exigencias detalladas en la primera parte del CTE. Cada uno de los DB contiene la caracterización y cuantificación de las exigencias básicas correspondientes y una relación de procedimientos cuya utilización permite acreditar su cumplimiento. No obstante, el proyectista o director de obra puede, bajo su responsabilidad, optar por soluciones alternativas siempre que se justifique documentalmente que el edificio cumple las exigencias básicas del CTE porque sus prestaciones son al menos equivalentes a las que se obtendrían por la aplicación de los procedimientos especificados en los DB.

Los DB son los siguientes:

- **DB SE:** Seguridad estructural.
  - **DB SE-AE:** Acciones en la edificación.
  - **DB SE-C:** Cimientos.
  - **DB SE-A:** Acero.
  - **DB SE-F:** Fábrica.
  - **DB SE-M:** Madera.
- **DB SI:** Seguridad en caso de incendio.
- **DB SUA:** Seguridad de utilización y accesibilidad.
- **DB HE:** Ahorro de energía.
- **DB HR:** Protección frente al ruido.
- **DB HS:** Salubridad.

➤ b) Disposiciones normativas publicadas en el Boletín Oficial del Estado

El articulado de este Documento Básico fue aprobado por el Real Decreto 314/2006, de 17 de marzo (BOE 28/03/2006), y posteriormente ha sido modificado por las siguientes disposiciones:

- Real Decreto 1371/2007, de 19 de octubre (BOE 23/10/2007).
- Corrección de errores y erratas del Real Decreto 314/2006, de 17 de marzo (BOE 25/01/2008).
- Orden FOM /1635/2013, de 10 de septiembre, por el que se actualiza el Documento Básico DB-HE (BOE 12/09/2013).

- Corrección de errores y erratas de la Orden FOM / 1635/2013, de 10 de septiembre (BOE 08/11/2013).
- Real Decreto 732/2019, de 20 de diciembre (BOE 27/12/2019).
- Real Decreto 450/2022, de 14 de junio, por el que se modifica el Código Técnico de la Edificación, aprobado por el Real Decreto 314/2006, de 17 de marzo (BOE 15/06/2022).

➤ c) Principales cambios del nuevo Código Técnico de la Edificación en 2022

- Nuevo DB-HE - Documento Básico de Ahorro de Energía.
- Resumen del Nuevo Documento Básico de Ahorro de Energía.
- Nuevo CTE DB HS6 - Documento Básico de Salubridad.
- CTE DB SI - Seguridad contra incendios.

➤ d) Marco normativo de las exigencias básicas de calidad para edificios

El Código Técnico de la Edificación (CTE) es el marco normativo que establece las exigencias básicas de calidad que deben cumplir los edificios en relación con los requisitos básicos de seguridad y habitabilidad establecidos en la Ley 38/1999, de 5 de noviembre, de Ordenación de la Edificación (LOE).

El CTE es de aplicación a las edificaciones públicas y privadas de carácter permanente cuyos proyectos o memorias técnicas suscritas por técnico competente precisen disponer de la correspondiente licencia o autorización legalmente exigible.

En su artículo 1, se lee:

Artículo 1. Objeto.

1. El Código Técnico de la Edificación, en adelante CTE, es el marco normativo por el que se regulan las exigencias básicas de calidad que deben cumplir los edificios, incluidas sus instalaciones, para satisfacer los requisitos básicos de seguridad y habitabilidad, en desarrollo de lo previsto en la disposición adicional segunda de la Ley 38/1999, de 5 de noviembre, de Ordenación de la Edificación, en adelante LOE.

2. El CTE establece dichas exigencias básicas para cada uno de los requisitos básicos de «seguridad estructural», «seguridad en caso de incendio», «seguridad de utilización», «higiene, salud y protección del medioambiente», «protección contra el ruido» y «ahorro de energía y aislamiento térmico», establecidos en el artículo 3 de la LOE, y proporciona procedimientos que permiten acreditar su cumplimiento con suficientes garantías técnicas.

➤ e) Documento Básico HE. Ahorro de energía

Artículo 15. Exigencias básicas de ahorro de energía (HE):

- HE0. Limitación del consumo energético.
- HE1. Condiciones para el control de la demanda energética.
- HE2. Condiciones de las instalaciones térmicas.
- HE3. Condiciones de las instalaciones de iluminación.
- HE4. Contribución mínima de energía renovable para cubrir la demanda de agua caliente sanitaria.
- HE5. Generación mínima de energía eléctrica procedente de fuentes renovables.
- HE6. Dotaciones mínimas para la infraestructura de recarga de vehículos eléctricos.

Exigencias básicas de ahorro de energía (HE)

15.1. Exigencia básica HE 0: Limitación del consumo energético.

15.2. Exigencia básica HE 1: Condiciones para el control de la demanda energética.

15.3. Exigencia básica HE 2: Condiciones de las instalaciones térmicas.

15.4. Exigencia básica HE 3: Condiciones de las instalaciones de iluminación.

15.5. Exigencia básica HE 4: Contribución mínima de energía renovable para cubrir la demanda de agua caliente sanitaria.

15.6. Exigencia básica HE 5: Generación mínima de energía eléctrica procedente de fuentes renovables.

15.7. Exigencia básica HE 6: Dotaciones mínimas para la infraestructura de recarga de vehículos eléctricos.

f) Documentos CTE

{El Ministerio de Transporte, Movilidad y Agenda Urbana (MITMA) publica periódicamente versiones de los Documentos Básicos del Código Técnico de la Edificación acompañadas de comentarios al objeto de servir de ayuda en la aplicación de la normativa. Los comentarios tienen un carácter orientativo e informativo no teniendo carácter reglamentario}.

Documentos aprobados que configuran el marco regulatorio del CTE, así como los documentos de apoyo, guías y documentos con comentarios existentes de cada uno de los requisitos.

Documentos CTE	Registro CTE
Parte I SE. Seguridad Estructural SI. Seguridad en Caso de Incendio SUA. Seguridad Utilización y Accesibilidad HE. Ahorro de Energía HR. Protección frente al Ruido HS. Salubridad	1.ª Documentos Reconocidos CTE 2.ª Distintivos de calidad 3.ª Certificaciones 4.ª Organismos autorizados 5.ª Entidades y Laboratorios Disposiciones normativas
Guías	**Programas**
• Avance de la Guía de aplicación del CTE • Guía Rehabilitación frente al radón • Guía de aplicación del DB-HE 2019 • Documento divulgativo RD 732/19 • Guía de aplicación del DB-HR • Guía parte IV del IEE (HR) • Guía Accesibilidad 2001	• HULC • Visor CTE XML • Visor EPBD • Herramienta cálculo HR • Catálogo elementos constructivos

(Deben consultarse cuando proceda)

Figura 3.27. Código Técnico de la Edificación (CTE).

3.13.4. Normas UNE aplicadas

Se trata de normas aplicadas a paneles solares térmicos, complementos e instalación.

- UNE-EN ISO 9488:2022. Energía solar. Vocabulario. (ISO 9488:2022).
- UNE-EN ISO 24194:2022. Energía solar. Campos de captadores. Verificación del rendimiento (ISO 24194:2022) (Ratificada por la Asociación Española de Normalización en agosto de 2022).
- UNE-EN 12976-1:2022. Sistemas solares térmicos y componentes. Sistemas prefabricados. Parte 1: Requisitos generales.
- UNE-EN ISO 9806:2020. Energía solar. Captadores solares térmicos. Métodos de ensayo. (ISO 9806:2017).
- UNE-EN 12976-2:2020. Sistemas solares térmicos y componentes. Sistemas prefabricados. Parte 2: Métodos de ensayo.
- UNE 94002:2005. Instalaciones solares térmicas para producción de agua caliente sanitaria. Cálculo de la demanda de energía térmica.
- UNE-EN 12975:2022. Captadores solares. Requisitos generales.
- UNE-EN 12976-2:2020. Sistemas solares térmicos y componentes. Sistemas prefabricados. Parte 2: Métodos de ensayo.
- UNE-EN ISO 9488:2022. Energía solar. Vocabulario (ISO 9488:2022).
- UNE-EN 12977-1:2019. Sistemas solares térmicos y sus componentes. Instalaciones a medida. Parte 1: Requisitos generales para los calentadores de agua solares y las instalaciones solares combinadas.
- UNE-EN 12977-2:2019. Sistemas solares térmicos y sus componentes. Instalaciones a medida. Parte 2: Métodos de ensayo para los calentadores de agua solares y las instalaciones solares combinadas.
- UNE-EN 12977-3:2019. Sistemas solares térmicos y sus componentes. Instalaciones a medida. Parte 3: Métodos de ensayo del rendimiento de los acumuladores de agua de calentamiento solar.
- UNE-EN 12975:2022. Captadores solares. Requisitos generales.
- UNE-EN ISO 22975-1:2020. Energía solar. Componentes y materiales del captador. Parte 1: Tubos de vacío. Durabilidad y prestaciones. (ISO 22975-1:2016).
- UNE-EN ISO 22975-2:2020. Energía solar. Componentes y materiales del captador. Parte 2: Tubo de vacío para aplicaciones de energía solar térmica. Durabilidad y prestaciones. (ISO 22975-2:2016).

- UNE-EN ISO 22975-3:2015. Energía solar. Componentes y materiales del captador. Captadores solares. Parte 3: Durabilidad del absorbedor solar. (ISO 22975-3:2014).
- UNE-EN 12976-1:2022. Sistemas solares térmicos y componentes. Sistemas prefabricados. Parte 1: Requisitos generales.
- UNE-EN 12977-1:2019. Sistemas solares térmicos y sus componentes. Instalaciones a medida. Parte 1: Requisitos generales para los calentadores de agua solares y las instalaciones solares combinadas.
- UNE-EN 12977-2:2019. Sistemas solares térmicos y sus componentes. Instalaciones a medida. Parte 2: Métodos de ensayo para los calentadores de agua solares y las instalaciones solares combinadas.
- UNE-EN 12977-3:2019. Sistemas solares térmicos y sus componentes. Instalaciones a medida. Parte 3: Métodos de ensayo del rendimiento de los acumuladores de agua de calentamiento solar.
- UNE-EN 12977-4:2019. Sistemas solares térmicos y sus componentes. Instalaciones a medida. Parte 4: Métodos de ensayo del rendimiento para las instalaciones solares combinadas.
- UNE-EN 12977-5:2019. Sistemas solares térmicos y sus componentes. Instalaciones a medida. Parte 5: Métodos de ensayo del rendimiento para los sistemas de regulación.
- UNE 94041-1:2010. Sistemas domésticos de apoyo de consumo calorífico nominal inferior o igual a 70 kW y volumen de acumulación inferior o igual a 300 l, utilizados en instalaciones solares térmicas. Parte 1: Sistemas de apoyo que utilizan combustibles líquidos y gaseosos.
- UNE-ISO 9459-2:2008. Calentamiento solar. Sistemas de calentamiento de agua sanitaria. Parte 2: Métodos de ensayo exteriores para la caracterización y predicción del rendimiento anual de los sistemas solares.
- UNE 94002:2005. Instalaciones solares térmicas para producción de agua caliente sanitaria. Cálculo de la demanda de energía térmica.

Figura 3.28. Captadores de tubos de vacío con depósito acumulador.

3.13.5. Seguridad en los montajes

Los montajes, tanto mecánicos como eléctricos, tienen sus riesgos que hay que evitar poniendo los medios adecuados. A continuación, se citan diferentes leyes y reales decretos relacionados con la seguridad en los montajes.

- Ley 31/1995, de 8 de noviembre, de Prevención de Riesgos Laborales.
- Real Decreto 39/1997, de 17 de enero, por el que se aprueba el Reglamento de los Servicios de Prevención (en adelante, RSP).
- Real Decreto 614/2001, de 8 de junio, sobre disposiciones mínimas para la protección de la salud y seguridad de los trabajadores frente al riesgo eléctrico que regula las condiciones de trabajo que se deben cumplir para la protección de los trabajadores frente al riesgo eléctrico en los lugares de trabajo.
- Guía Técnica para la evaluación y prevención del riesgo eléctrico, publicada por el INSST.
- Real Decreto 1495/1986, de 26 de mayo, por el que se aprueba el Reglamento de Seguridad en las Máquinas.
- Real Decreto 1627/1997. Disposiciones Mínimas de Seguridad y Salud en Obras de Construcción.
- Real Decreto 1435/1992. Aproximación de las Legislaciones de los Estados miembros sobre Máquinas.
- Real Decreto 1215/1997. Disposiciones mínimas de Seguridad y Salud para la utilización por los trabajadores de los equipos de trabajo.
- Real Decreto 485/1997. Disposiciones mínimas en materia de Señalización de Seguridad y Salud.
- Real Decreto 486/1997. Disposiciones mínimas de Seguridad y Salud en los lugares de trabajo.
- Real Decreto 487/1997. Disposiciones mínimas de Seguridad y Salud relativas a la manipulación manual de cargas que entrañen riesgos, en particular dorsolumbares, para los trabajadores.
- Real Decreto 773/1997. Disposiciones mínimas de Seguridad y Salud relativas a la utilización por los trabajadores de equipos de protección individual.
- Real Decreto 842/2002, de 2 de agosto, por el que se aprueba el Reglamento electrotécnico para baja tensión.
- Real Decreto 836/2003, de 27 de junio, por el que se aprueba una nueva Instrucción técnica complementaria «MIE-AEM-2» del Reglamento de

aparatos de elevación y manutención, referente a grúas torre para obras u otras aplicaciones.

- Real Decreto 2267/2004, de 3 de diciembre, por el que se aprueba el Reglamento de seguridad contra incendios en los establecimientos industriales.
- Real Decreto 1027/2007, de 20 de julio, por el que se aprueba el Reglamento de Instalaciones Térmicas en los Edificios.
- Real Decreto 1644/2008, de 10 de octubre, por el que se establecen las normas para la comercialización y puesta en servicio de las máquinas.
- Real Decreto 2060/2008, de 12 de diciembre, por el que se aprueba el Reglamento de equipos a presión y sus instrucciones técnicas complementarias.
- Real Decreto 88/2013, de 8 de febrero, por el que se aprueba la Instrucción Técnica Complementaria AEM 1 «Ascensores» del Reglamento de aparatos de elevación y manutención, aprobado por Real Decreto 2291/1985, de 8 de noviembre.
- Real Decreto 513/2017, de 22 de mayo, por el que se aprueba el Reglamento de instalaciones de protección contra incendios.
- Real Decreto 1627/1997, de 24 de octubre, por el que se establecen disposiciones mínimas de seguridad y salud en las obras de construcción.
- Real Decreto 2177/2004, de 12 de noviembre, por el que se modifica el Real Decreto 1215/1997, de 18 de julio, por el que se establecen las disposiciones mínimas de seguridad y salud para la utilización por los trabajadores de los equipos de trabajo, en materia de trabajos temporales en altura.
- Real Decreto 604/2006, de 19 de mayo, por el que se modifican el Real Decreto 39/1997, de 17 de enero, por el que se aprueba el Reglamento de los Servicios de Prevención, y el Real Decreto 1627/1997, de 24 de octubre, por el que se establecen las disposiciones mínimas de seguridad y salud en las obras de construcción.
- Real Decreto 1109/2007, de 24 de agosto, por el que se desarrolla la Ley 32/2006, de 18 de octubre, reguladora de la subcontratación en el Sector de la Construcción.
- Real Decreto 337/2010, de 19 de marzo, por el que se modifican el Real Decreto 39/1997, de 17 de enero, por el que se aprueba el Reglamento de los Servicios de Prevención; el Real Decreto 1109/2007, de 24 de agosto, por el que se desarrolla la Ley 32/2006, de 18 de octubre, reguladora de la subcontratación en el Sector de la Construcción, y el Real Decreto 1627/1997, de 24 de octubre, por el que se establecen disposiciones mínimas de seguridad y salud en obras de construcción.

Figura 3.29. Paneles solares térmicos montados en la cubierta de un edificio industrial.

Documentación recomendada para el empleo de herramientas:

- NTP 391: Herramientas manuales (I): condiciones generales de seguridad.
- NTP 392: Herramientas manuales (II): condiciones generales de seguridad.
- NTP 393: Herramientas manuales (III): condiciones generales de seguridad.
- NTP 494: Soldadura eléctrica al arco: normas de seguridad.

3.14. PLAN NACIONAL INTEGRADO DE ENERGÍA Y CLIMA 2021-2030

BOE 31/03/2021. Resolución de 25 de marzo de 2021, conjunta de la Dirección General de Política Energética y Minas y de la Oficina Española de Cambio Climático, por la que se publica el Acuerdo del Consejo de Ministros de 16 de marzo de 2021, por el que se adopta la versión final del Plan Nacional Integrado de Energía y Clima 2021-2030 (PNIEC).

En otros muchos objetivos, estos son los que afectan a las energías renovables:

- Se alcanza un 42 % de energías renovables sobre el uso de energía final del país. En el caso de la generación eléctrica, el porcentaje de renovables en 2030 alcanzará el 74 %.

- La dependencia energética del exterior disminuye 15 puntos porcentuales, pasando del 74 % actual al 59 % en 2030.

Según el estudio realizado, las medidas contempladas en el PNIEC permitirán alcanzar los siguientes resultados en 2030:

- 23 % de reducción de emisiones de gases de efecto invernadero (GEI) respecto a 1991.
- 42 % de renovables sobre el uso final de la energía.
- 39,5 % de mejora de la eficiencia energética.
- 74 % de energía renovable en la generación eléctrica. Pasando de 59 % al 74 %.

El objetivo de estas iniciativas es facilitar y actualizar el cumplimiento de los principales objetivos vinculantes para la UE en 2030 y que se recogen a continuación:

- 40 % de reducción de emisiones de gases de efecto invernadero (GEI) respecto a 1990.
- 32 % de renovables sobre el consumo total de energía final bruta.
- 32,5 % de mejora de la eficiencia energética.
- 15 % interconexión eléctrica de los Estados miembros.

➤ a) Impulso a las renovables

El impulso de las energías renovables en la próxima década es uno de los principales vectores para alcanzar los objetivos del PNIEC.

Para el año 2030, se prevé una potencia total instalada en el sector eléctrico de 157 GW, de los que:

- 50 GW serán energía eólica.
- 37 GW solar fotovoltaica.
- 27 GW ciclos combinados de gas.
- 16 GW hidráulica.
- 8 GW bombeo.
- 7 GW solar termoeléctrica.
- 3 GW nuclear.
- Así como cantidades menores de otras tecnologías.

En lo que respecta al almacenamiento, destaca el alza de las tecnologías de bombeo y baterías, con una potencia adicional de 6 GW, aportando una mayor capacidad de gestión a la generación.

b) Evolución de la potencia bruta instalada de energía eléctrica (MW)

Previsión de la evolución de la potencia bruta instalada de energía eléctrica en MW, según PNIEC.

Tabla 3.2. Parque de generación de energía eléctrica en el Escenario Tendencial

Parque de generación del Escenario PNIEC 2023-2030. Potencia bruta (MW)				
Años	**2019**	**2020**	**2025**	**2030**
Eólica	25 583	26 754	42 144	62 044
Solar fotovoltaica	8306	11 004	56 737	76 387
Solar termoeléctrica	2300	2300	2300	4800
Hidráulica	14 006	14 011	14 261	14 511
Biogás	203	210	240	440
Otras renovables	0	0	25	80
Biomasa	413	609	1009	1409
Carbón	10 159	10 159	0	0
Ciclo combinado	26 612	26 612	26 612	26 612
Cogeneración	5446	5276	4068	3784
Fuel y Fuel/Gas (Territorios no peninsulares)	3660	3660	2847	1830
Residuos y otros	600	609	470	342
Nuclear	7399	7399	7399	3181
Almacenamiento*	6413	6413	8828	18 543
Total	**111 100**	**115 015**	**166 939**	**213 963**

*Incluyendo el almacenamiento de solar termoeléctrica llega a 22 GW.

Fuente: Ministerio para la Transición Ecológica y el Reto Demográfico, 2023.

Figura 3.30. La torre receptora de energía termosolar para generación de energía eléctrica. Energía limpia y renovable.

El avance de las renovables en el período 2021-2030 es relevante en casi todos los sectores económicos, como puede comprobarse en los siguientes datos:

- Generación eléctrica: se incrementa de 10 208 a 21 792 ktep.
- Bombas de calor: aumenta de 629 a 3523 ktep.
- Residencial: aumenta de 2.640 a 2876 ktep.
- Industria: aumenta de 1596 a 1779 ktep.
- Transporte (biocarburantes): disminuye de 2348 a 2111 ktep.
- Servicios y otros: aumenta de 241 a 435 ktep.
- Agricultura: se incrementa de 119 a 220 ktep.

Figura 3.31. Planta termosolar para generar electricidad. Energía limpia y renovable.

ACTIVIDADES FINALES

A continuación, y a modo de repaso sobre la materia estudiada, se presenta una serie de preguntas para que puedas evaluarte sobre los conocimientos adquiridos.

3.1. **¿En qué documentos encontramos las especificaciones para un montaje?**

3.2. **¿Qué documentos o información mínima necesitas para realizar una instalación?**

3.3. **¿Qué cuidado se debe prestar en el montaje de un grupo motobomba?**

3.4. **¿Hasta qué diámetro el acoplamiento de la tubería a la bomba se hace roscada (con tuercas)?**

3.5. **¿Qué elementos ponen en marcha la motobomba?**

3.6. **¿Qué es el fluido caloportador?**

3.7. **¿La circulación del fluido caloportador es siempre constante?**

3.8. **¿A qué se denominan circuladores?**

3.9. **¿Qué cuidados hay que tener con las estructuras?**

3.10. **El caudal proporcionado por una bomba, ¿de qué factores depende?**

3.11. **Elementos básicos del circuito hidráulico primario.**

3.12. **¿Todos los circuitos primarios tienen bomba de aceleración?**

3.13. **¿Qué se entiende por mantenimiento preventivo?**

3.14. **¿Qué es el REBT?**

3.15. **¿Qué son las normas UNE?**

3.16. **Elementos de protección que se utilizan en los equipos eléctricos que alimentan a receptores, por ejemplo: motores.**

3.17. **Herramientas utilizadas en los montajes eléctricos.**

3.18. **¿De qué trata el Real Decreto 614/2001, de 8 de junio?**

3.19. **¿Qué se entiende por mantenimiento correctivo?**

3.20. **Fases que seguir en el montaje de circuitos y equipos eléctricos de instalaciones solares térmicas.**

3.21. ¿Cuál es la importancia en hacer una correcta organización del montaje de circuitos y equipos eléctricos?

3.22. ¿Con qué diferencia de temperatura entra la bomba de circulación en servicio?

3.23. ¿Con qué diferencia de temperatura se para la bomba de circulación?

3.24. ¿En qué normas básicas se apoya el REBT?

3.25. ¿Qué hay que hacer si la bomba gira en sentido contrario?